D1697248

Miklos Kiss
Pierre Zoelly

Achtung Baustelle!

**Visionen und Werkzeuge für
Architekten, Ingenieure und Bauherren**

Zeichnungen von Pierre Zoelly
Fotografien von Miklos Kiss

Birkhäuser Verlag
Basel · Boston · Berlin

Miklos Kiss, dipl. Ing. ETH, ist Leiter des Bereichs Energie- und
Gebäudetechnik bei der Elektrowatt Ingenieurunternehmung AG in Zürich.

Pierre Zoelly, dipl. Arch. ETH, ist Partner der Architektur-Firma
Zoelly-Rüegger-Holenstein AG in Zollikon-Zürich.

Die Deutsche Bibliothek – CIP – Einheitsaufnahme

Kiss, Miklos G.:
Achtung Baustelle! : Visionen und Werkzeuge für Architekten,
Ingenieure und Bauherren / Miklos G. Kiss; Pierre Zoelly. –
Basel; Boston; Berlin: Birkhäuser, 1995
    ISBN 3-7643-5034-2
NE: Zoelly, Pierre:

Dieses Werk ist urheberrechtlich geschützt. Die dadurch begründeten Rechte, insbesondere die der Übersetzung, des Nachdrucks, des Vortrags, der Entnahme von Abbildungen und Tabellen, der Funksendung, der Mikroverfilmung oder der Vervielfältigung auf anderen Wegen und der Speicherung in Datenverarbeitungsanlagen bleiben, auch bei nur auszugsweiser Verwertung, vorbehalten. Eine Vervielfältigung dieses Werkes oder von Teilen dieses Werkes ist auch im Einzelfall nur in den Grenzen der gesetzlichen Bestimmungen des Urheberrechtsgesetzes in der jeweils geltenden Fassung zulässig. Sie ist grundsätzlich vergütungspflichtig. Zuwiderhandlungen unterliegen den Strafbestimmungen des Urheberrechts.

© 1995 Birkhäuser Verlag, Postfach 133, CH-4010 Basel
Gedruckt auf säurefreiem Papier, hergestellt aus chlorfrei gebleichtem Zellstoff
Umschlaggestaltung: Markus Etterich, Basel
Printed in Germany
ISBN 3-7643-5034-2

9 8 7 6 5 4 3 2 1

Inhalt

7 Signale
Die No-No-Liste • Selbstzerstörerische logische Prozesse • Kreative zielorientierte Prozesse • Denkmethode DO–UNDO • Unser Wochenprogramm • Unsere Bucharchitektur

19 Montag: Zieltransformer
Eine Denkhürde • Der zielorientierte Bauherr • Der zielorientierte Planer • Die zielorientierte Projektorganisation • Erster Dialog DO–UNDO: «Die einzige Grundregel unseres Tuns» • Energiekonzept – Neubau • Sanierung bestehender Bürobauten

45 Dienstag: Schlanke Technik
Die Welt von morgen • Einfach ist schön • Dosierte Technik • Natürliche Technik • Gutmütige Technik • Ein Wohnbau von morgen • Sanierungen • Zweiter Dialog DO–UNDO: «Baukonzepte und Kochrezepte» • Regeln der Kunst für heutige Bürobauten • Akzente im Technikkonzept am Beispiel eines multifunktionalen Projekts

69 Mittwoch: Denkmodule
Phantasie ist expandierbar • Flächenzuteilung «Wald-Waldrand-Wiese» • Einfache Systeme • Regelsystem Mensch – Bau – Technik • Tageslichtnutzung • Dritter Dialog DO–UNDO: «Wege in die Zukunft» • Weitere Denkmodule

91 Donnerstag: Stillstand
Signale • Zieltransformer • Schlanke Technik • Denkmodule • Bauvisionen • Werkzeuge • Ruhe

97 Freitag: Bauvisionen
Teambüros • Umnutzung von Industriebauten • Open-end Wohnbauten • Vierter Dialog DO–UNDO: «Die Methode der lustvollen Energieverschwendung» • Lichtprojekte für Büros • Echtergiebauten • Weitere Bauvisionen

121 Samstag: Werkzeuge
Checklisten • Skizzen • Pläne, EDV-Output • Weitere Werkzeuge • Fünfter Dialog DO–UNDO: «Ein Lexikon der verdrehten Begriffe» • Kurven, Tabellen, Balkendiagramme • Meßmodelle

137 Sonntag: Ruhe

Signale

Anstelle einer Einleitung senden wir Signale: Warnungen vor dem Chaos der Baustelle. Wir beginnen mit der Checkliste unserer Fehler in der Bauplanung, der sogenannten No-No-Liste. Dann stellen wir uns als eine Denkhürde eine sehr schwer lösbare Bauaufgabe und skizzieren unsere Denkmethode DO–UNDO: ein dauernder innerer Dialog von Machen und Hinterfragen bei der Suche nach gekonnt einfachen Lösungen. So werden wir in einem kreativen, zielorientierten Prozeß mit kompromißlosen Visionen und scheinbarer Zauberkraft das Chaos der Bauplanung bekämpfen.

Die No-No-Liste
Selbstzerstörerische logische Prozesse
Kreative zielorientierte Prozesse
Denkmethode DO–UNDO
Unser Wochenprogramm
Unsere Bucharchitektur

Mit dieser Checkliste lassen sich die Fehler markieren, die in unserer gebauten Umgebung ständig gemacht werden. Ein erster Preis wird für eine vollständig ausgefüllte Liste vergeben, d.h. dort werden alle Fehler gemacht!

Eigentlich wollten wir in dieser endlosen Liste unserer Planungsfehler die immer gleichen Fehler wiederholen – wie in der Realität. Sie wurde jedoch auch ohnedies so umfangreich, daß wir darauf verzichten.

Die No-No-Liste

Zu wenige Wohnungen, unvermietbare Büros in der Agglomeration, in bester Wohnlage Büros in den Wohnungen, an lärmiger Straße Wohnungen mit Lärmriegel, auch Altersheime. Altersheime für Leute, die am liebsten zu Hause verpflegt werden möchten, Altersheime nach Komfortbedürfnissen unserer Generation für die Generation von gestern. Wohnungen konstanter Größe für Familien mit Wachstum und später stark reduziertem Bestand, Schlafzimmer für 8 Stunden, Wohnzimmer für 2 Stunden, Küche für 3 Stunden pro Tag. Alle Wohnungen für typische Familien mit zwei Kindern, obwohl 85% der Mieter davon abweichen.

Zimmer auf 20°C beheizt mit einer Wassertemperatur von 60 – 110°C und einer Feuerung von über 1000°C. Heizkessel um Faktoren überdimensioniert. Thermostatische Ventile für noch stärkere Beheizung bei offenem Fenster. Immer mehr Energieverbrauch pro Person für Wärme (trotz besserer Isolation und Energiesparmaßnahmen, infolge immer größerer Wohnfläche pro Person und Zweitwohnungen). Heizung im Sommer, Kühlung im Winter. In Burobauten mechanische Lüftungsanlagen und Kühlung im Betrieb bei offenem Fenster, Wärmeabfuhr bei sporadisch starken Wärmelasten mit großen Luftmengen, künstliche Beleuchtung bei Sonnenschein wegen zu fest geschlossenen Außenstoren, Gruppenbüros, bei denen sich niemand für die Lichtausschaltung verantwortlich fühlt. Höherer Energieverbrauch der Anlage im Ruhebetrieb als während der effektiv erforderlichen Betriebszeit.

Planer, die mehr Honorar bekommen für Kostenüberschreitungen und für immer kompliziertere Anlagen. Mieter, die für den Energieverbrauch zahlen, und Bauherren, die über die Kosten für energiesparende Maßnahmen bestimmen. Büroangestellte, die mit Kopfschmerzen und mit geringerer Leistung als Folgen von Lärm und Blendung, für mangelnde Aussicht und mangelnde Rückzugsmöglichkeit, für dauerndes Kunstlicht und dauernde Klimatisierung zahlen. Bauherren, die über Anordnung und Ausstattung von Büros mit gut kontrollierbaren Arbeitsplätzen bestimmen, und Angestellte, die sich in Toiletten zum Rauchen und Alleinsein zurückziehen; Bauherren, Planer und Betreiber, die Sicherheitszuschläge kumulieren; Betreiber, die nach Minimierung der Reklamationen und Maximierung der Energiekosten die Anlage betreiben.

Bauten mit geringer zeitlicher Auslastung für spezialisierte Nutzungen, z.B. Bürogebäude für 2500 Stunden Betrieb von 8760 Stunden im Jahr. Garagen für Fahrzeuge, die zum Fahren unter freiem Himmel gebaut sind. Lagerhäuser, die Orte mit gutem Tageslicht besetzen, in denen aber keines gebraucht wird. Baumaschinen, die platzsperrend und teuer herumstehen, weil sie nicht im Leasing für viele da sind. Geschlossene Ställe für Tiere, die für Frischluft „gebaut" sind. Brandgefährliche Scheunen statt Heutrockner auf dem Feld. Unbenutzte Bahnschienenzonen mitten in der Agglomeration. Große und unübersichtliche Corporate Headquarters, die Macht demonstrieren – und im Gegensatz dazu der Wunsch der Firma, die Marktanteile durch innovative, in kleinen und übersichtlichen Einheiten hergestellte Produkte zu erhöhen…

Selbstzerstörerische logische Prozesse

Bei genauerem Hinsehen erscheinen in dieser Liste selbstzerstörerische logische Prozesse. In ihnen ist ein Regelmechanismus wirksam, welcher garantiert, daß das Problem so nie befriedigend gelöst werden kann. Eine Lösung ist nur bei anderen Grundregeln möglich: So ist es etwa besser, Kostenüberschreitungen beim Bauen durch Honorarkürzungen zu bekämpfen (statt durch Belohnung des Planers) oder große, unübersichtliche Corporate Headquarters durch die Schaffung von kleineren durchmischten Organisationseinheiten überhaupt zu vermeiden.

Der Sinn dieses Buches ist es, weitere solche Prozesse – auch außerhalb der Bauplanung – zu erkennen.

Diese selbstzerstörerischen Prozesse erzeugen Baukarikaturen: extreme, aber vielfach existierende Negativbeispiele, bei denen eine falsch angewendete Regel in der Realität unsinnigere Folgen zeigt als bei jeder gezeichneten Karikatur.

Dazu ein Beispiel:
Eine Schule – das sind ein erfahrener Mensch (ein Lehrer) und um ihn herum eine größere Anzahl Lernbegieriger (z.B. Kinder) unter einem Baum.
Was haben wir daraus gemacht?

In einem fernen Land kam jemand auf die Idee, alle diese Bäume in eine Stadt und noch dazu in eine mehrstöckige Parkgarage zu verpflanzen. An jedem Parkplatz ein Baum, darunter Schüler. Alle Parkplätze sind gleich gestaltet, allerdings variiert

Der Urlehrer ist ein Gescheiter, der seine Weisheit an spontane Zuhörer im Schutze eines Baumes vermittelt. Also ist ein Baum ein Klassenzimmer.

die Farbe von Stockwerk zu Stockwerk. Die gelben Schüler und Lehrer unter dem gelben Baum sprechen eine Sprache, die die grünen nicht verstehen etc. Dieses Gebäude heißt Universität, es ist ein Ersatz für das Universum, die reale Welt.

Eigentlich ist dies alles sehr konsequent: Unsere jungen Leute sollen lernen, Spezialisten für Teillösungen zu sein, hart und effizient zu arbeiten, ohne die Meinungen anderer, etwa der Nutzer von Bauten (Hausfrauen, alte Leute...), zu hören, und sie sollen ihren Lernprozeß symbolisch mit Verlassen der Schule beenden (hier liegt bereits die Lösung unseres Problems: die Förderung eines lebenslangen Lernens).

Was ist bei den Planungsfehlern der No-No-Liste schiefgegangen? Wir logischen Fachleute haben für die logischen Probleme logischer Bauherren durch die Summierung scheinbar logischer Teilprozesse viel zu oft vollständig unlogische, dazu noch teure und nicht optimal funktionierende Gesamtlösungen erarbeitet.

Kreative zielorientierte Prozesse

Unsere Schlußfolgerung ist, daß beim Zusammensetzspiel von so vernetzten Prozessen wie dem Bauen neben der Logik auch Intuition verlangt ist. Statt eindimensionaler, logischer Prozeße wollen wir mehrdimensionale. Und zwischen Denken und Fühlen pendeln.

Ein kreativer, zielorientierter Prozeß ist dazu erforderlich: Wir müssen die Ziele und Randbedingungen mehr hinterfragen, auch über das reine Bauen hinausreichende Ziele erkennen, uns viel mehr in einige wenige und wichtige Probleme vertiefen und – auch wenn wir noch nicht zu einer Lösung gelangen – durch Visionen die richtige und dann auch einfache und selbstverständliche Lösung «herbeizaubern».

Eine Denkhürde – eine schwerlösbare Bauaufgabe. Wir wollen Bauvisionen realisieren anstelle von Baukarikaturen, selbstregelnde Prozesse anstelle von selbstzerstörerischen. Dabei wollen wir die Kreativität nicht für komplexe und elegante Lösungen nutzen, sondern für möglichst einfache, benutzer- und betriebsfreundliche Systeme mit niedrigen Energiekosten. Wir wollen hohe Baukosten vermeiden. Außerdem wollen wir «Akzente» schaffen, mit denen die Grundidee einer Überbauung, der Firmenkultur, der Architektur oder des Energiesparens sichtbar gemacht werden kann.

Denkmethode DO–UNDO

Unsere Denkmethode für kreative Prozesse ist ein Dauerdialog zwischen DO und UNDO, zwischen Machen und Hinterfragen. Es ist in jedem Moment zu überlegen, ob man jetzt machen, ohne weiterzufragen, oder besser nichts machen und noch besser nachfragen sollte. Dies ist die Suche nach den echten, wichtigen Zielen.

DO ohne UNDO ist nur hastiges Tun, rationelles und schnelles Bauen, ohne inneren Sinn, eine gedankenlose Kopie.

UNDO ohne DO ist nur immer wieder Hinterfragen, damit man nichts tun muß, ein Alles-in-Frage-Stellen, um am Ende alles Neue zu verhindern und sich nicht entscheiden und engagieren zu müssen.

Kurzfristige Gewinn- oder Prestigeoptimierungen von Teilprozessen

Unser Ziel: Nach der ersten Woche 2% der eigenen neuen Ansätze realisieren, nach 52 Wochen schon 38% in einem neuen Projekt. Dies wäre dann schon sehr, sehr gut.

DO–UNDO: Erst die Verbindung von beidem macht die Methode aus.
Wir kennen nur Freude oder nur Trauer. In der östlichen Philosophie darf dies nebeneinander stehen. Wichtig ist die Änderung des Zustands. Niemand käme auf die Idee, ein Jahr ohne Herbst und Winter zu erfinden – wir wollen aber offensichtlich immer Freude und nie Traurigkeit.

Signale

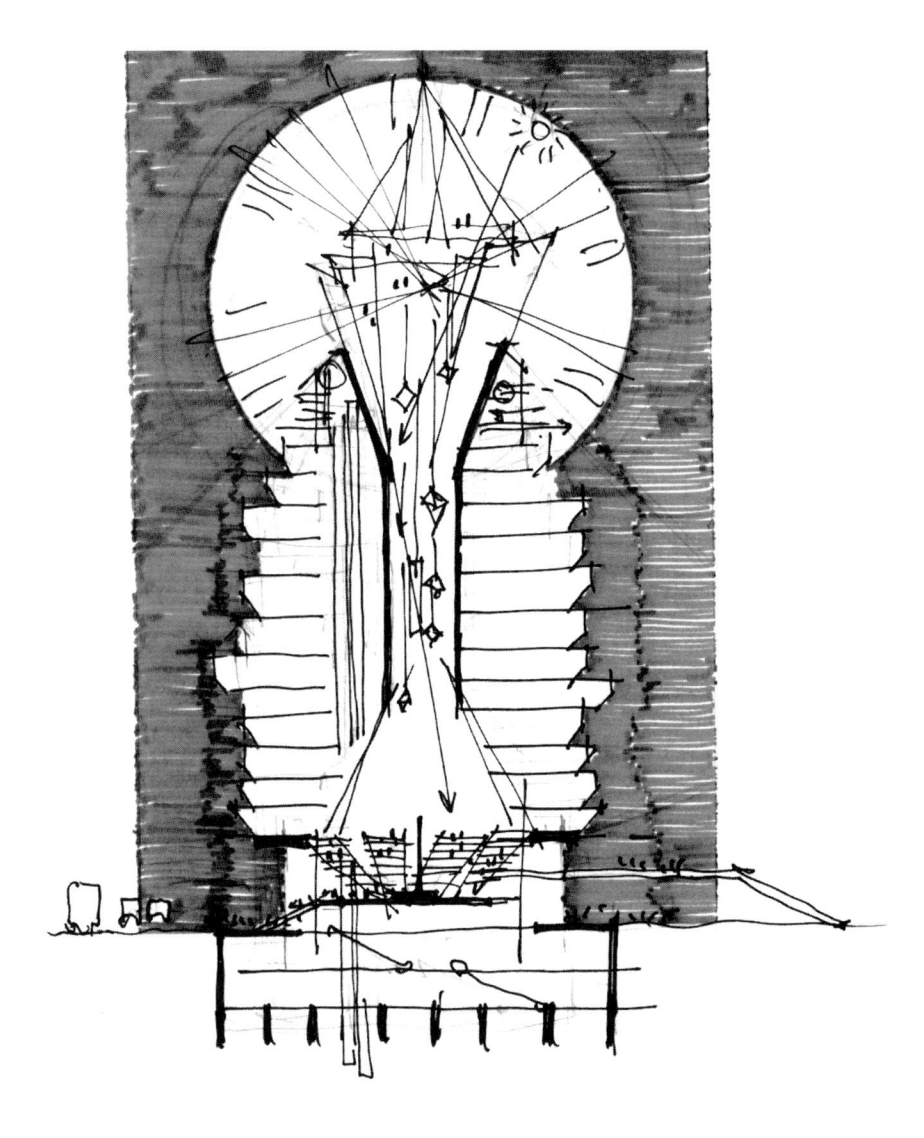

Dieser Kombiturm benutzt die Technik der Lichtkanone, um im Innern ein Kultzentrum zu beleuchten, während konventionelle Bürokränze die äußere Form bestimmen. Im Wurzelbereich liegen die großen Verkaufszonen. Nachts verwandelt sich der Trichterteil der Kanone zu einer künstlichen Sonne, die die Stadt mit variablen Reklametricks beleuchtet und das Zentrum signalisiert. Wir suchen Kombinationen sich ergänzender Systeme.

Unser Wochenprogramm

Diese Denkmethode des DO – UNDO steht im Mittelpunkt unseres Buches. Wir entwickeln sie in einem Wochenprogramm. Sie hat eine starke Ähnlichkeit zum Zen-Weg der Erleuchtung. Wir benutzen die Stufen dieses Weges in den fünf Arbeitstagen der Woche:
- Mo: Eine schwere Zielsetzung, ein Koan, wird gestellt
- Di :   Vertiefung in die Kernprobleme, eine Stufe tiefer als üblich
- Mi: Fragmente der Lösung werden sichtbar
- Do: Sich damit nicht zufrieden geben, das Problem vorerst loslassen
- Fr :   Vision des Gesamtweges, einer baubaren Lösung.

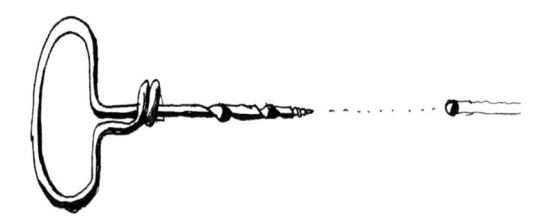

Der Zen-Bohrer bohrt längere Löcher, als es seine Länge erlauben würde.
Das Geheimnis: das Problem loslassen und dann: die Lösung sehen.

In diesem Wochenprogramm werden wir Autoren – ein Ingenieur und ein Architekt – die Denkmethode des DO–UNDO für kreative Prozesse am Beispiel des Bauens ausloten. Wir bieten jeweils keine Kochrezepte für fertige Lösungen an, sondern zeigen den Weg in eine andere Bautechnik. Die Beispiele dienen lediglich zur Illustration; im konkreten Fall kann eine optimierte Lösung sehr anders aussehen.

Als Realisten mit dem Glauben an die Kraft der Visionen
- möchten wir Bauherren und ihre Planer sowie Betriebsverantwortliche ansprechen,
- Denkanstöße geben, Widerspruch wecken,
- verkrustete Denkstrukturen aufweichen,
- zum Zaubern beim Anpacken unmöglicher Aufgaben anregen.[1]

Achtung Baustelle! Auch unser Buch selbst ist eine Baustelle, mit Chaos: Es entwickelt ein Programm, in dem Kunst und Wissenschaft, Philosophie und Technik wie durch Zauberhand ineinander übergehen. Und es bietet eine Möglichkeit, die Kraft der Innovation auch für andere Bereiche anzuwenden.

176. Das Zauberbilderbuch nach Bosco.

Der Künstler blättert den Zuschauern ein Buch als vollkommen leer vor; er blättert weiter und erblicken die Zuschauer plötzlich lauter Tierbilder, welche wieder verschwinden nun sehen die Zuschauer Noten, Schrift und dergl. Plötzlich ist das Buch wieder leer. Dieses kann stets wiederholt werden. Dieses kleine Buch ist von eminenter Wirkung und speziell für Kindervorstellungen geeignet. . . . . M. 1,50

---

[1] Ein Zauberbuch (das einer der Autoren vor 50 Jahren von seinem Vater als Geschenk erhielt) wird uns dabei begleiten: János Bartl, Hauptkatalog, Fabrik Magischer Apparate, Verlag János Bartl, Hamburg, ca. 1915.

Signale

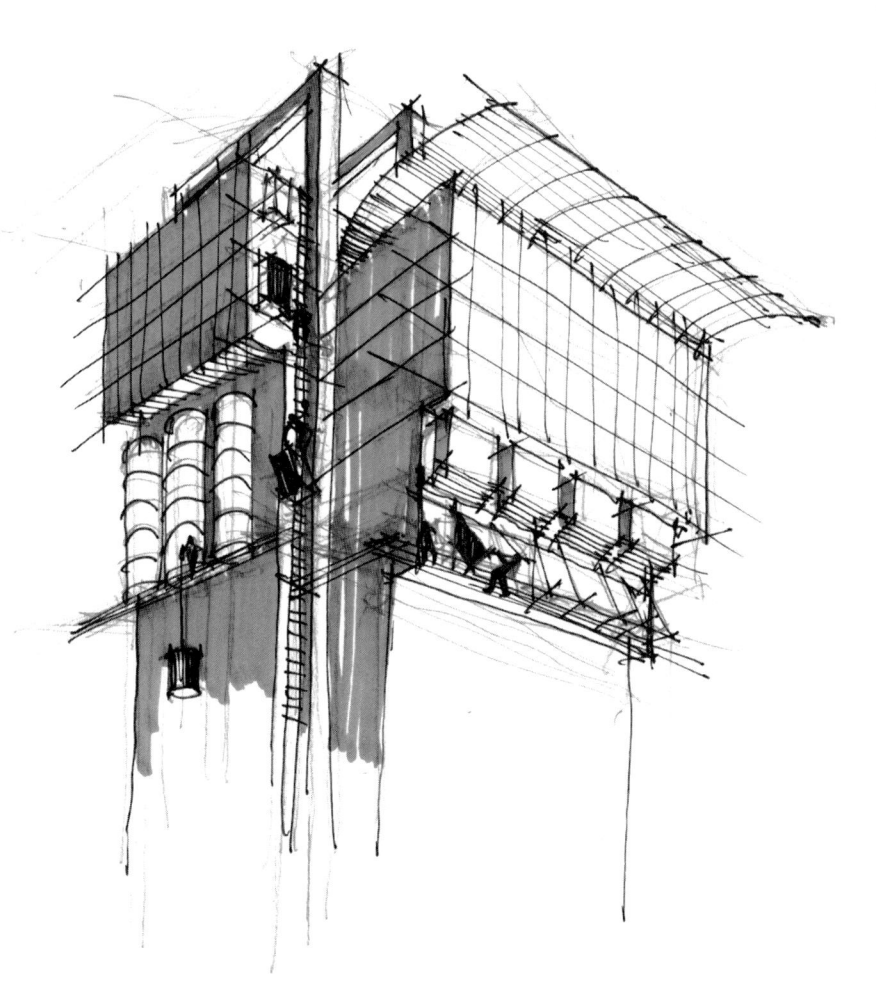

Dieser Arbeitsturm will etwas sein.
Seine außen angeklammerten Techno-Kapseln
sind über die Jahre auswechselbar.

Architektonisch schöne Gebäude sind zeitlos,
technisch schöne Systeme lassen sich den sich
wandelnden Verhältnissen anpassen.

Aus der Natur neue und einfache Ideen für das Bauen ableiten.

Beispiel: Das Konzept Wald-Waldrand-Wiese spart Investitionen in Wohn- und Bürobauten.

Oder: Urbanes Interface. Stadt und Wald gehen hier nahtlos ineinander über – ohne das Niemandsland einer juristischen «Baumgrenze».

Unsere Bucharchitektur

Dieses Buch ist ein Fachbuch. Es will aber auch mehr als nur das sein: eine innere Reise.

Es gibt keine inneren Reisen, die nicht an Materie gebunden wären. Wir binden sie ans Bauen. Die Denk- und Fühlmethoden, welche wir für das vernetzte System Bauen – mit seinen zahlreichen Fallen und Höhepunkten – entwickeln, sind jedoch ebenso auf das vernetzte System Leben anwendbar. Inmitten einer freundlichen, feindlichen oder indifferenten Umgebung das DO–UNDO (Tun – Hinterfragen) als Nebeneinander zu erleben, durch ihren Wechsel gestärkt zu werden – wie dies möglich ist, wollen wir am Beispiel Bauen zeigen.

Montag:
Ein Ziel wird gesteckt, die Regeln und Unregeln werden erkundet und verändert.
Dienstag:
Wir stellen die schlanke Technik mit dauerndem DO–UNDO vor. Anstatt nur in Krisen eine Schlankheitskur durchzuführen, stellen wir die schlanke Technik vor, die auf einem dauernden DO–UNDO beruht.
Mittwoch:
Einige neue Denkmodule tauchen auf.
Donnerstag:
Alles wird zur Seite gelegt. Wir genießen den Stillstand.
Freitag:
Stillstand führt zu Visionen. Diese sind weiterreichend als unsere Ziele: Sie ermöglichen eine Reise ohne Anstrengung. Eine weiche Anziehung ersetzt die harte Kraft.
Samstag:
Auch für Visionen braucht es Werkzeuge. Wer mit ihnen arbeiten will, muß auf festem Boden stehen.
Sonntag:
In Ruhe wird noch einmal nach dem Sinn des Ganzen gefragt. Darf Kreativität der Macht dienen?

Für eilige Leser: Bilder und Randnotizen
Für Nicht-Fachleute: die Anfänge der Kapitel und die Dialoge

Die *Dialoge* bewegen sich auf einer anderen Ebene als der Fachbuchteil. Sie vertiefen unser Thema vor allem für Nichtfachleute: Zuerst wird gefragt, ob Ziele überhaupt erforderlich sind; dann wird gezeigt, wie wichtig es ist, sich in ein Problem wirklich zu vertiefen und daß sich mit der Methode der unzulässigen Parallelen viele ähnliche Fälle lösen lassen. Zum Schluß stellt ein Dialog die lustvolle Energieverschwendung vor: wie man mit Spaß viel weiter kommt als mit blutigem Ernst.

Die *Randnotizen* sind Kontrapunkte zum Text. Sie setzen Akzente und machen Anspielungen. Sie legen bisweilen die unterschiedlichen Standpunkte des Architekten und des Ingenieurs offen und ergänzen den Inhalt auf einer kommentierenden Ebene. Manchmal liegt ihre Bedeutung auch im Nichtgesagten, d.h. in den Sinnverschiebungen, die der Leser beim Wechsel von Text und Randnotiz vornimmt.

Die *Photos* sind Synkopen, oft enthalten sie eine unerwartete Aussage.

Hommage an meinen Vater

Mein Vater, gestorben 1945,
war für mich als Bub
und für viele andere
ein großer Zauberer.

Er gab mir ein Zauberbuch,
aber auch das Gefühl
für die Kraft der Träume.

Ich habe etwa 50 Jahre gebraucht,
um mit diesem Buch herauszufinden,
was dies für mich bedeutet:
Meine Denkweise ist trainiert auf logische
Teilprozesse. Viele davon sind auch
logisch sich selbstzerstörend.
Es braucht viel, um solche Fallen zu erkennen.
Es braucht wenig,
um aus dieser Fesselung
dann auszubrechen.

Die Puppe zeigt den Einstieg in dieses Buch.

Miklos Kiss

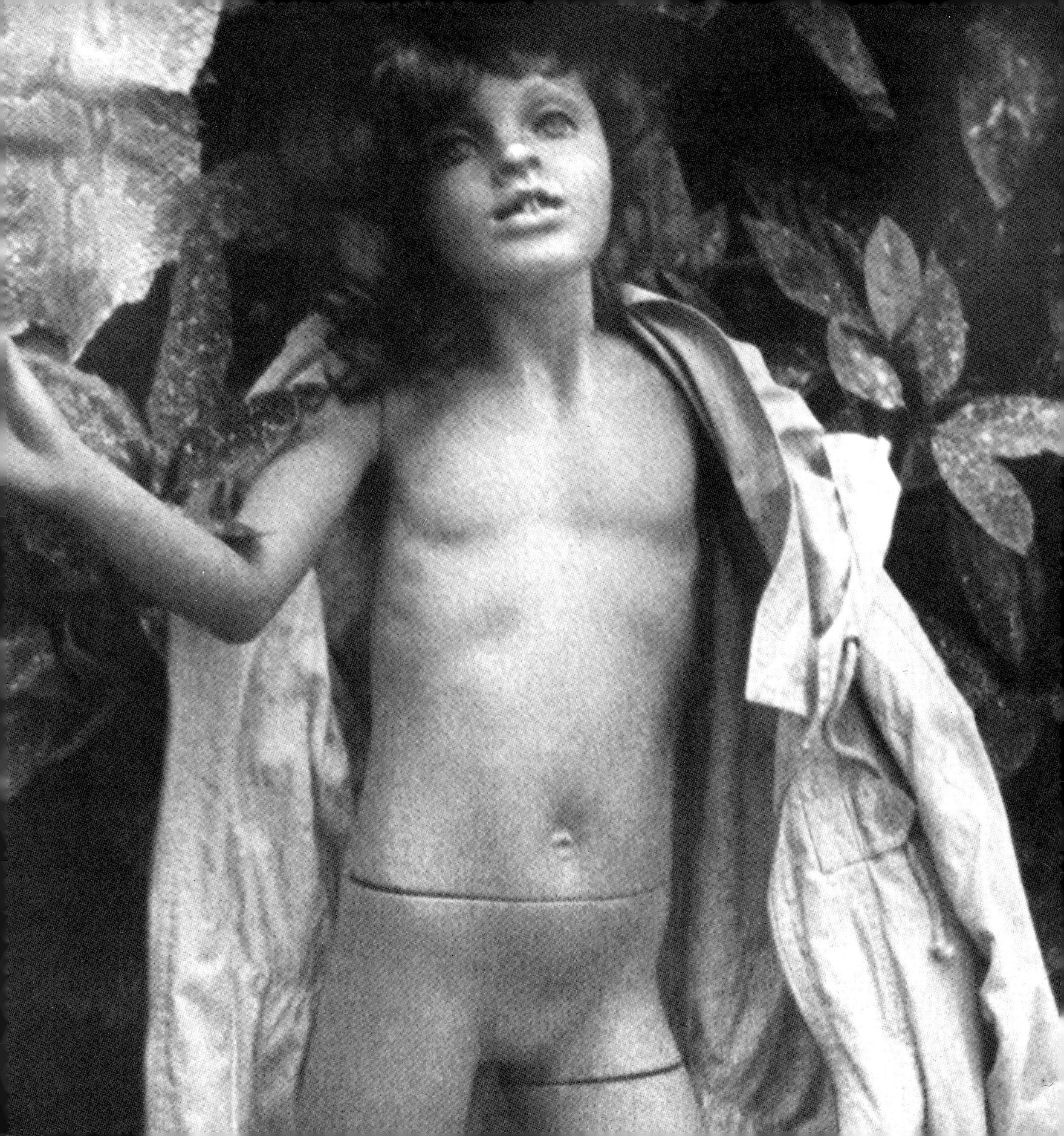

Montag: Zieltransformer

Es hat keinen Sinn, schnell und effizient zu arbeiten, bevor nicht die echten Ziele beim Mondschein klar sind (heute ist Mond-Tag!). Es hat aber auch keinen Sinn, immer zu hinterfragen und nicht in das Problem einzusteigen. Wie löst ein Planungsteam als «Zieltransformer» dieses Dilemma? Durch die Aufstellung einer Denkhürde, eines Koans, durch einen Ablauf von DO- und UNDO-Phasen. Damit wird eine Hinterfragung und Transformation der Ziele erreicht, bis wir die echten Ziele finden. Dieses Vorgehen erlaubt es dem zielorientierten Bauherrn schließlich, faul zu sein, nachdem er die übergeordneten Ziele erkannt und für zielorientierte Prozesse gesorgt hat.

Eine Denkhürde
Der zielorientierte Bauherr
Der zielorientierte Planer
Die zielorientierte Projektorganisation
Erster Dialog DO–UNDO
Energiekonzept – Neubau
Sanierung bestehender Bürobauten

Eine Denkhürde

Als Einstieg verwenden wir eine Betrachtung beim Mondschein (UNDO-Phase), aber auch mit der Lupe (DO-Phase). Beide Verfahren sind verschieden, bringen aber das gleiche Resultat.

Mondschein:
Bei Mondschein betrachtet, sieht die Energieverbrauchsentwicklung etwas spaßig aus. In diesem Diagramm ist der Zeitmaßstab etwas zusammengestaucht. Wie kleinlich sieht nun z.B. die Zielsetzung Energie 2000 Schweiz aus: «Wir wollen das Wachstum des elektrischen Energieverbrauches dämpfen, bis zum Jahr 2000 stabilisieren.» Obwohl dies an sich schon eine mutige Zielsetzung ist, und viele sogar meinen, eine unrealistische, sehen wir, daß angesichts der begrenzten Vorräte (die Fläche unter der Kurve) längerfristig dieses Ziel bei weitem nicht genügt. Wir müssen für die Zukunft Energieeinsparungen in der Größenordnung von Faktoren und nicht in Prozenten suchen.

Lupe:
Wo stehen wir heute?
Betrachten wir die Haustechnik in einem heutigen Flughafen: Die Lüftungsanlage darf nicht abgestellt werden, weil sonst die Fenster Schaden erleiden. Die Luft wird sequentiell geführt, d.h. verschiedene Nutzungen wie Wartehalle und Büros können nicht einzeln abgeschaltet werden. Daneben wird eine unnötig hohe Heiztemperatur verwendet. Hohe Wartehallen sind unrationell beheizt, und zur Sicherheit werden die Anlagen die meiste Zeit über mit größter Luftmenge betrieben. Solchen Unfug können wir uns in Zukunft nicht mehr leisten. Aber genügt es, diese offensichtlichen Fehler zu vermeiden? Oder muß etwas grundsätzlich Anderes geschehen?

Solche Fragestellungen und Denkhürden nennt man Koan. Ein Koan behandelt im Zen eine Grundsatzfrage. Es geht dort um eine Aufgabenstellung des Meisters an den Schüler, welche mit logischen Mitteln sicherlich nicht gelöst werden kann. Ein Beispiel:

Keichu stellt Karren her

Koan
Meister Gettan sagte zu einem Mönch: «Keichu machte einen Karren, dessen Räder hundert Speichen hatten. Nimm die Vorder- und Hinterteile weg und entferne die Achse. Was ist es dann?»

Kommentar des Mumon
Wenn du dies sogleich durchschauen kannst, dann ist dein Auge wie eine Sternschnuppe und deine Geistigkeit wie ein Blitz.

Gedicht des Mumon
Wenn das fleißig arbeitende Rad sich dreht,
Ist sogar ein Fachmann verloren.
Vier Richtungen, oben und unten:
Süden, Norden, Osten und Westen.[1]

---

[1] Zenkei Shibayama, «Zu den Quellen des Zen», Otto Wilhelm Barth Verlag, München 1976

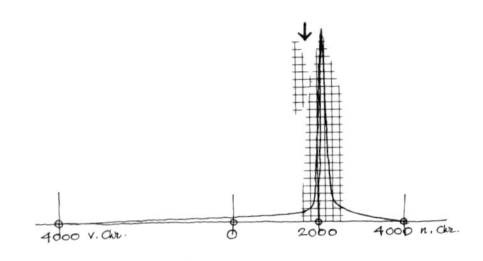

Energieverbrauchentwicklung

Baukontrollen im Mondschein, weil so Proportionen besser erkennbar sind. Leider vergißt man, sobald die Sonne scheint, was man bei Mondschein gesehen hat.

Eine gute Diagnose ist schon die halbe Heilung.

Ein Koan der Autoren:
Hohe Technizität ist nur sinnvoll, wenn sie uns zu einem natürlichen Leben zurückführt. Wir selbst sind die Meister unserer intelligenten Zukunft.

Nach unserer antrainierten westlich-logischen Denkweise können wir weder den Koan noch den Kommentar noch das illustrierende Gedicht einzeln verstehen. Für uns ist auch ein Zusammenhang dieser drei Elemente nicht ergründbar.

Die Beschäftigung mit einer solchen Aufgabe kann jahrelang dauern; sie erfordert eine tiefe Konzentration auf die Aufgabe, welche jedoch nicht unbedingt im meditierenden Sitzen, sondern eher während der Verrichtung der täglichen Dinge geschehen kann. Elemente einer Lösung, die dem Schüler gefühlsmäßig richtig scheinen, tauchen auf und werden in die täglichen Tätigkeiten integriert.

Wenn er nicht weiterkommt oder meint, die Lösung schon gefunden zu haben, kann der Schüler sich vom Problem lösen, nach der östlichen Philosophie sogar das eigene Ich loslassen.

Die Erleuchtung schließlich mag schlagartig oder ganz allmählich und selbstverständlich kommen: Plötzlich stimmt alles, und die Fragmente einer Vision für den Weg nehmen klare Konturen an.

So wollen wir planen. Unser Buch soll dazu vom Montag (Ziele) bis Freitag (Visionen) Denkanstöße geben.

Ein japanisches Sprichwort über das Geheimnis der Reitkunst lautet:
«Kein Reiter im Sattel, kein Pferd unter dem Sattel.»
Dies bedeutet: Es wird eine vollständige Einheit von Pferd und Reiter erreicht. Eine solche Symbiose wollen wir auch als Planer mit der Bauaufgabe erreichen. Unser Spruch: «Kein Bauherr über dem Planer, kein Planer unter dem Bauherrn.»

Die hundertprozentige Konzentration auf die Bauaufgabe erfordert eine integrale Denkweise. Nur auf dieser Basis ist eine neue Zusammenarbeit von Bauherrn, Architekten und Ingenieuren möglich. Dies ist unsere Auflösung des Koans über die Reiter.

Die Symbiose erfolgt in der Konzeptphase des Projektes, welche mehr Aufwand als sonst üblich nötig macht. Sie kann etwa mit einem Brainstorming über Wünsche und Lösungen beginnen, mit der Bearbeitung eines konkreten Problems fortgesetzt werden (Was erwartet der Benutzer im Raum? Liste möglicher Planungs- oder Betriebsfehler). Die Konzeptphase ist eine starke UNDO-Phase. Im Zustandsdiagramm zeigen wir einen möglichen Ablauf. Auch Erfolgskontrollpunkte sind kurze UNDO-Phasen. Dank starker UNDO-Phasen in der Konzeptphase kann sowohl der tote Bauschutt (Änderungen an schon Gebautem vor der Inbetriebnahme) wie auch der lebendige Bauschutt (Bau in Betrieb, aber schon obsolet) re-

Der kreative Prozeß in der Konzeptphase des Projektes

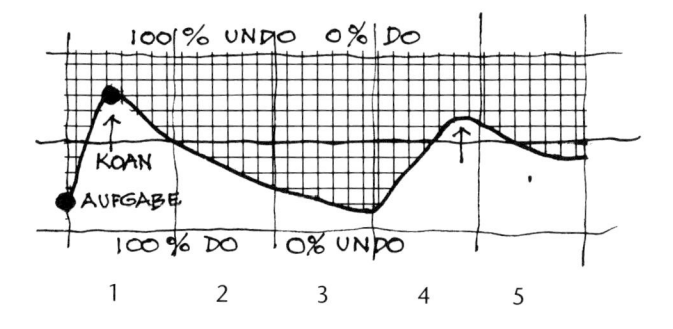

Eine Methode: Statt zuerst hinterfragen als Einstieg ein ausgewähltes Problem richtig lösen.

Geschieht dies intellektuell oder instinktiv?

Wir brauchen weniger immer neuere Technologien, sondern vielmehr eine konsequent neue, integrale Denkweise.

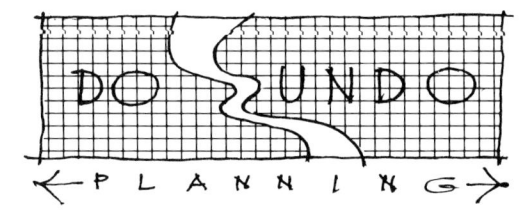

Der Planungsprozeß setzt sich aus den ungleichen, aber komplementären Teilen DO und UNDO zusammen.

1 Koan; 2 Vertiefung; 3 Denkmodule; 4 Stillstand; 5 Bauvisionen

Dieses Zustandsdiagramm ist nicht identisch mit unserer westlichen Vorstellung von Kurven mit nur Plus- oder nur Minusphasen. Hier sind beide Phasen vorhanden, aber der Zustand ändert sich dauernd, und es wird ein Gleichgewicht von DO und UNDO herzustellen versucht.

Nachdem er sein Projektteam inspiriert hat, kann der Bauherr ruhen.

70. Das Zauberglas, unter welchem jedes Geldstück verschwindet.

Der Künstler läßt sich von den Zuschauern ein weißes Stück Papier, eine Münze und ein Glas geben. Er legt das Papier auf einen Tisch, darauf das Geldstück und hierüber stülpt er das Glas. Jetzt erfaßt er ein entliehenes Tuch mit den Fingerspitzen und legt es über das Ganze. Er bittet nun einen Zuschauer, dasselbe wieder zu entfernen und siehe da, das Geldstück ist verschwunden. Der Künstler kann es auch auf dieselbe Art und Weise wieder erscheinen lassen. Komplett . . . . M. —,75

Mehr Lohn für bessere Arbeit – wie trivial, wie neu!

Kennwerte: einfach, verständlich.

Immer schon verdanken wir die besten Bauten den besten Bauherren.

Morgen ist beim Bauen schon heute.

Der zielorientierte Bauherr

Ein kreativer zielorientierter Bauprozeß fängt damit an, daß der Bauherr seine grundsätzlichen Ziele erkennt, die dafür richtigen Planer wählt und seine Anforderungen zusammen mit ihnen im Detail formuliert. Dazu gehört jeweils nicht nur eine Anforderung und ein Nutzungsprofil, sondern eine Palette von Möglichkeiten im zukünftigen Betrieb. Er muß eine klare und kontrollierbare Zielvorgabe an den Planer und an den Betreiber abgeben und die Erfolgskontrolle organisieren. Dann kann er sich zurücklehnen und faul sein.

Zum Vorgehen gehört auch die zielorientierte Honorierung. Heutige Honorarordnungen verlocken zur Planung komplizierter Systeme.

Wir möchten eine Honorierung für die Planung, die Haustechnik und den Bau zusammen mit einer Pauschale pro m² Geschoßfläche nach Schwierigkeitsgrad des Baus. Diese Pauschale ist unabhängig von der Bausumme. Ein Bonus/Malus-Abkommen stimuliert zur Einhaltung der Zielvorgaben.

Wir möchten für den Betreiber einfache Kennwerte, mit deren Hilfe er mögliche Fehler korrigieren kann. Solche Kennwerte können sein:
- Energieverbrauch (Wärme, Haustechnik elektrisch, elektrisch total)
- Kennzahlen der Nutzung: Einschaltzeiten der Lüftungsanlagen, der Kälteanlagen, der Beleuchtung, effektiv genutzte Flächen, welche die Basis für den obigen Energieverbrauch darstellen.

Wir möchten auch Prämien an das Betriebspersonal als Stimulierung für einen guten energiesparenden Betrieb, bei dem die erforderliche Behaglichkeit und die Sicherheitsbedingungen gewährleistet werden.

Anforderungen an zielorientierte Bauherren:

Der Bauherr träumt weiter nach vorne als seine Berater. Er ist der Stratege, jene sind die Taktiker. Er baut nicht für heute, sondern für morgen.
Der Bauherr stellt Ort und Sache vor seine eigenen Wünsche.
Der Bauherr stellt Fragen und gibt keine Antworten.
Der Bauherr plant so, daß auch ohne ihn alles gut wird.
Der Bauherr diktiert nie, er inspiriert und inspiziert.
Der Bauherr hält Umschau nach kumulativen Symbiosen mit den Bedürfnissen anderer. Er bleibt Generalist.
Für ihn zählen die Ziele höherer Ordnung, etwa im Bürobau die Produktivität.

Der zielorientierte Planer

Er berät und führt nicht nur Anweisungen aus. Er nutzt seinen Freiraum und stellt intelligente Fragen zum richtigen Zeitpunkt, nicht zu früh, nicht zu spät.
Er kennt seine Ziele und möchte auch entsprechend honoriert werden.
Er verzaubert die Welt mit kleinen, liebenswerten Zaubertricks und reißt das Steuer, wenn erforderlich, mit großen Zaubertricks herum.
Er geht eine Symbiose mit dem Bauherrn ein. Er hat keine vorbestimmten Konzepte oder Profilierungswünsche.
Oft muß er auch kleine Kompromisse eingehen. Oder ein bißchen Theater veranstalten, um gewisse Aspekte des Baues zu betonen.
Er deckt das ganze Spektrum von Bauten ab, d.h. er ist bereit, alle Bauaufgaben zu bewältigen, von den einfachen bis zu den komplizierten.

Neuartige Leistungen
Die Leistungen der Planer werden in der zukünftigen Bauplanung oft von den Honorarordnungsteilleistungen abweichen.
  Die erforderliche Identifikation mit der Aufgabe, welche die Methode DO – UNDO in der Konzeptphase erfordert, bedingt einen höheren Aufwand am Anfang und am Ende des Projektes: Die Bauplanung und Bauausführung wird also in der Regel durch eine Konzeptphase, Erfolgskontrollen und Betriebsbegleitung ergänzt. Dieser Mehraufwand muß anderswo kompensiert werden.

Mögliche Abweichungen im Sinne von Einsparungen:

a) Konzeptplanung
   Mehr Planungsleistungen im Konzept, die Detailplanung erfolgt dafür durch den Unternehmer unter enger Führung des Planers.
b) Systemlösungen
   Der Planer bietet zusammen mit dem Unternehmer Systemlösungen an. Er macht die Planung einmal, aber stark vertieft. Als Variante zum Ideenwettbewerb können dann von beiden Systemlösungen mit Kostengarantie vorgelegt werden.
c) Funktionslösungen
   Statt Wettbewerbe für «schöne Architektur» bieten Planer Lösungen für Betriebsfunktionen an mit starker Unterstützung im späteren Betrieb.
d) Informationsabonnement
   Hochqualifizierte Planer unterstützen eine Gruppe von örtlichen Planern regelmäßig durch Beratung, Erfahrungsaustausch sowie Weiterbildung.
e) Energietreuhand
   Eine Gruppe investiert in energiesparende Maßnahmen. Diese Maßnahmen und Investitionen sollen aus Betriebskosteneinsparungen zurückbezahlt werden.
f) Ideenschmiede
   Eine kleine, befreundete Gruppe von Planern gründet eine Ideenschmiede und realisiert diese Ideen mit interessierten Bauherren und Investoren.

Vertrauen in den Planer ist ebenso wichtig wie das Controlling: die Überprüfung der Ziele, nicht des Planers. Stellen Sie einfachste Kontrollfragen! Brennt das Licht bei Sonnenschein im Büro? Heizen wir im Sommer? Kühlen wir im Winter? Sie werden überrascht sein über die Antworten!

Frage: Warum ist der gute Planer eigentlich genauso teuer wie der schlechte?
Mehr verlangen. Von sich: größere Ziele. Vom Bauherrn: weniger Ballast, mehr Mitdenken.

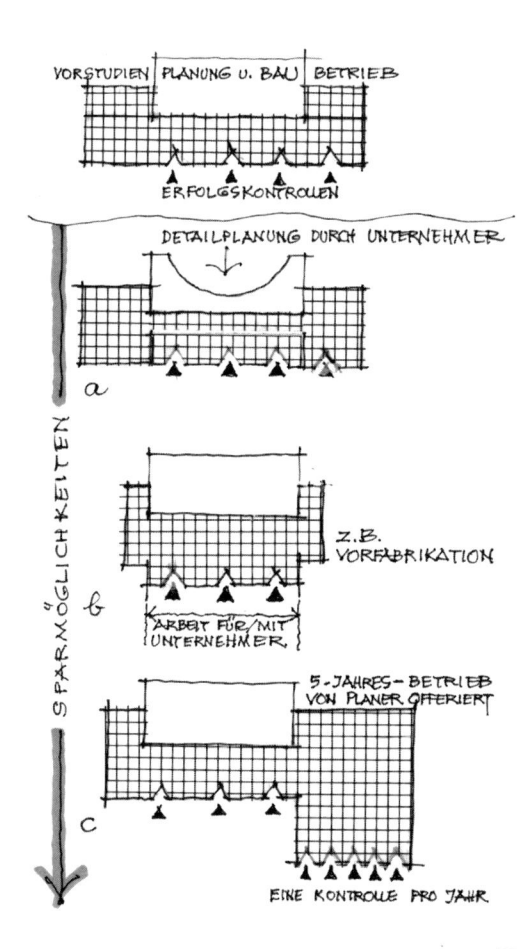

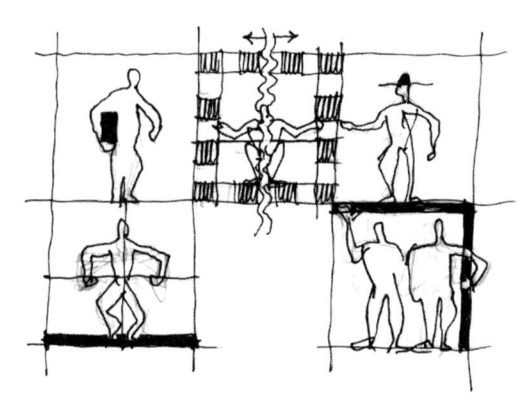

Das effiziente Projektteam
Links oben der Bauherr mit Programmtasche, unter ihm der gymnastisch begabte Benutzer, in der Mitte der mit harten Zahlen umrandete (durch Spaltung leicht schizophrene) Controller, rechts der ihm zugewandte Architekt, unter diesem (nicht im hierarchischen Sinne) die gut ausgeloteten Fachingenieure.

Fragen:
Hängt der Erfolg des Planungsteams nicht hauptsächlich vom gegenseitigen Respekt seiner Mitglieder ab und von der Zurückstellung starker persönlicher Ambitionen?

Sind nicht extreme Dummheiten Teile einer Wahrheitsfindung?
Ist Blödeln kreativ?
Ist die Angst vor Fehlern nicht ein Hindernisgrund für Neuerungen?
Erfindungen scheinen oft Wiederfindungen oder Rückfindungen zu sein.

Die zielorientierte Projektorganisation

Wir bevorzugen eine einfache und übersichtliche Organisation mit wenigen, aber kompetenten Personen im Gegensatz zu unpersönlichen Kommissionen. Wir wollen ein Organigramm mit maximal sechs Verantwortlichen.

Auch für die größten Projekte möchten wir keine Stabstellen, keine Nur-Spezialisten. Technisch ausgebildete Spezialisten können schädlich sein, wenn sie einem Planerteam ihre Spezialität als notwendig zu verkaufen versuchen. Wie in der Medizin sind Spezialisten nur nützlich, wenn sie ihre Grenzen kennen und bekannt geben und zugleich bereit sind, anders zu denken und von anderer Seite dazuzulernen. Zusätzlich sind ad hoc Task-force-Übungen für bestimmte Aufgaben mit mehr als sechs Personen möglich. Diese können auch die periodische Mitsprache bestimmter Organe (und damit die Identifikation mit der Aufgabe) sicherstellen. Achtung: Die Sitzungsdauer ist umgekehrt proportional zu der Teilnehmerzahl, d.h. keine Besprechungen mit mehr als 6 Personen!

Die Mitglieder des Projektteams sollen aus markanten Persönlichkeiten mit konstant aktiven Stellvertretern bestehen. Der Verantwortliche und der Stellvertreter sollen sich ergänzen. Bei den Planern ist der eine der Konzeptentwerfer, der andere der Realisator. Sie können auch die Rollen wechseln.

Handliche Projektorganisation:
Das Team der Projektleitung besteht aus sechs Personen: Bauherr, Controller für Kosten und Termine, Gesamtleiter/Architekt, Betreiber, Bauingenieur, Haustechnikingenieur.

618. Die neuen, verbesserten Schwerpunkt-Würfel.

Der Künstler gibt die Würfel zum Untersuchen und behauptet, er könne mit Sicherheit die Points von eins bis sechs werfen lassen und zwar genau wie die Zuschauer dieses wünschen.

Sauberste Ausführung! Verbesserte Konstruktion!

Satz aus 8 Würfeln bestehend . . . . M. 6,—

Als Gegensatz dazu – in der nachfolgenden Abbildung – ein negatives Beispiel aus der Praxis.[2]

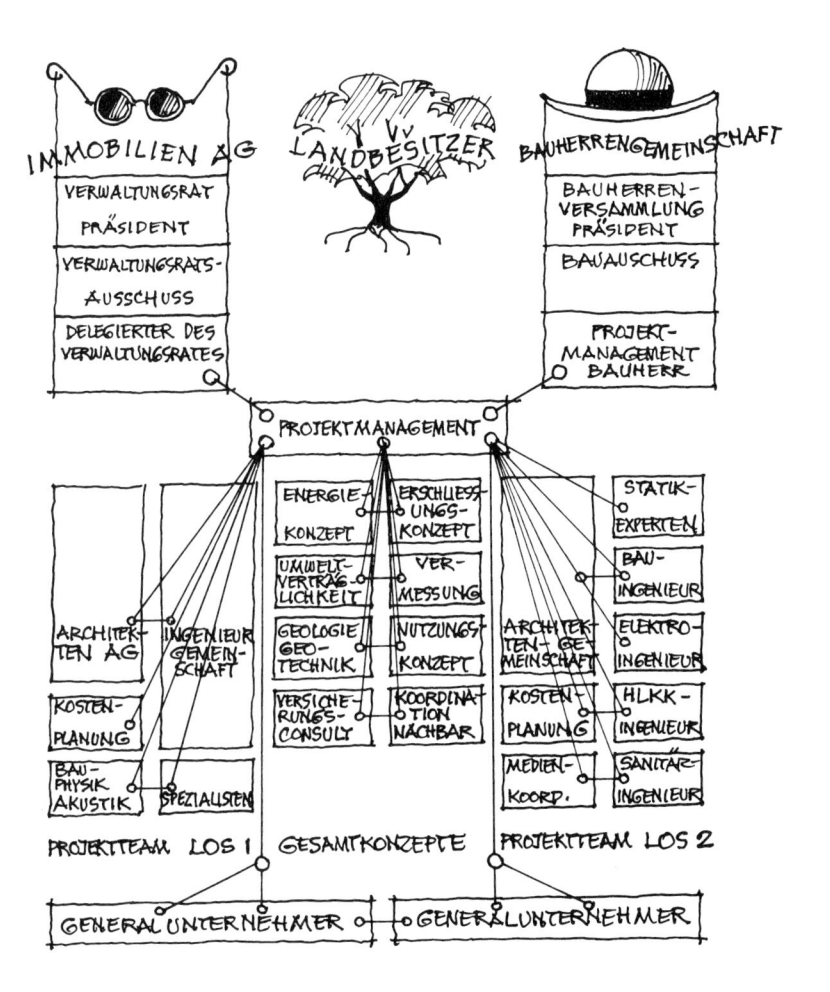

Zielorientierte, nicht zieldesorientierte Projektorganisation

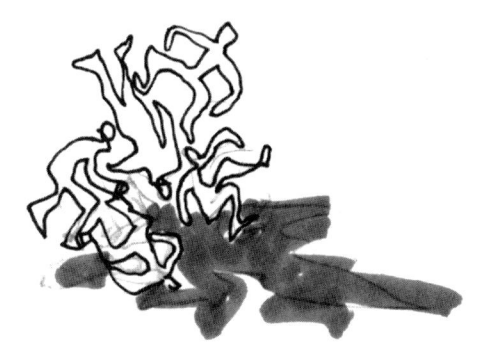

Wurde dieses multifunktionale Cityprojekt so ausgeführt?

Wir können es uns schlichtweg nicht mehr leisten, alles immer noch teurer und detaillierter zu machen und jeden Bau neu zu erfinden. Wir müssen prototypartige Denkmodule verwenden, diese der jeweiligen Bauaufgabe anpassen und bei der Bearbeitung Schwerpunkte setzen.

---

[2] EWI Ingenieure + Berater, Zürich, «Interne Arbeitsunterlagen», 1994

Bei der herkömmlichen Planung gibt es:
- Ziele, nämlich Muß-Ziele, die unbedingt erreicht werden müssen,
- Soll-Ziele, die mehr oder weniger erreicht werden können,
- Randbedingungen, welche die Gegebenheiten des Bauplatzes, des wirtschaftlichen Umfeldes oder der Fimenkultur umfassen, und
- Regeln der Baukunst, welche wir mehrheitlich unbewußt befolgen.

Wir wollen:
- Z1, Bauziele wie Investition, Energieverbrauch, aber auch
- Z2, übergeordnete Ziele wie Produktivität, Wohnkultur oder andere mögliche Zukunftsvisionen.

Beispiel: Fünf Minuten mehr produktive Arbeit am Tag in einem Büro (1%) würden mehr als 30% Zusatzinvestition rechtfertigen! (Lohnkosten sind viel höher als die Kapitalkosten).

Neu am kreativen zielorientierten Planungsprozeß ist, daß Ziele und Randbedingungen stark hinterfragt und in vielen Fällen zusammen mit dem Bauherrn modifiziert werden und daß die Regeln der Kunst bewußter unterschieden werden, nämlich sogenannte Regeln von Unregeln.

Beispiele für eine Unregel im Wohnbereich:
Eine Regel, die vielleicht früher richtig war und heute vollständig falsch ist: Vorbestimmte Benutzer für vorbestimmte Zimmer (Eltern, Kinder, Essen) oder vorbestimmte Plätze für Möbel wie Sofa, Bett etc.

Beispiel einer Unregel im Energiebereich:
Oft wird High-Tech als Kompensation für bauliche Planungsfehler verwendet. Man glaubt, in der ersten Bauphase könne der Architekt allein projektieren und die Haustechnik später dem Bauprojekt angepaßt werden. Bei einer integralen Planung dagegen erfolgt die Planung im Team, und es werden schwierige Ziele angepeilt z.B. «Energiesparen ist billiger als Energieverschwenden.»

Der Zieltransformer

Erster Versuch: Szenenprinzip
Japan – eine andere Welt.
Andere Sätze von Zielen.
Aufgenommen, gespielt damit.

Ein Raum. Leer. Sitzen und überlegen.
Ein Gast am Nachmittag.
Ein Bild nur, ein paar einfache Gegenstände,
herausgeholt aus ihrem Lager, wenig nur,
für zwei Stunden genießen,
Nach dem Szenenprinzip: Geliebtes intensiv,
zeitgebunden, in richtiger Umgebung genießen.
Möglichst auf sein Wesen konzentriert.

Dagegen steht unser Museumsprinzip: alles, was
wir gern haben, aufhängen, aufstellen, immer
sehen, abstauben, verehren, vergessen.
Möglichst immer mehr.

Zweiter Versuch: Praxisanwendung
Wie wäre es, wenn ich

- daheim alles, was ich oft brauche, griffbereit hinstellen würde und alles andere in Kästen abschieben könnte? Und merken würde, wie wenig ich davon noch wirklich brauche?
- im Büro mich auf 20% des Spektrums meiner Tätigkeit konzentrieren würde und damit 80% der Fälle einwandfrei und ohne Mühe lösen würde? Weniges gut machen und das andere auf mich zukommen lassen könnte?
- Freundschaften mit wenigen intensivieren würde?
- nur noch Artikel, TV-Sendungen, Konzerte genießen würde, die mich echt ansprechen, eine Resonanz auslösen und etwas in Gang setzen?

Ich möchte extrem viel Zeit aufwenden, um
extrem zu vereinfachen und wegzulassen.

Die Folgen wären wohl,
wie am Beispiel Japanraum,
großzügig, frei, flexibel.
Oder ein anderer Lebensstil:
Statt immer mehr
die Konzentration auf das Wesentliche.

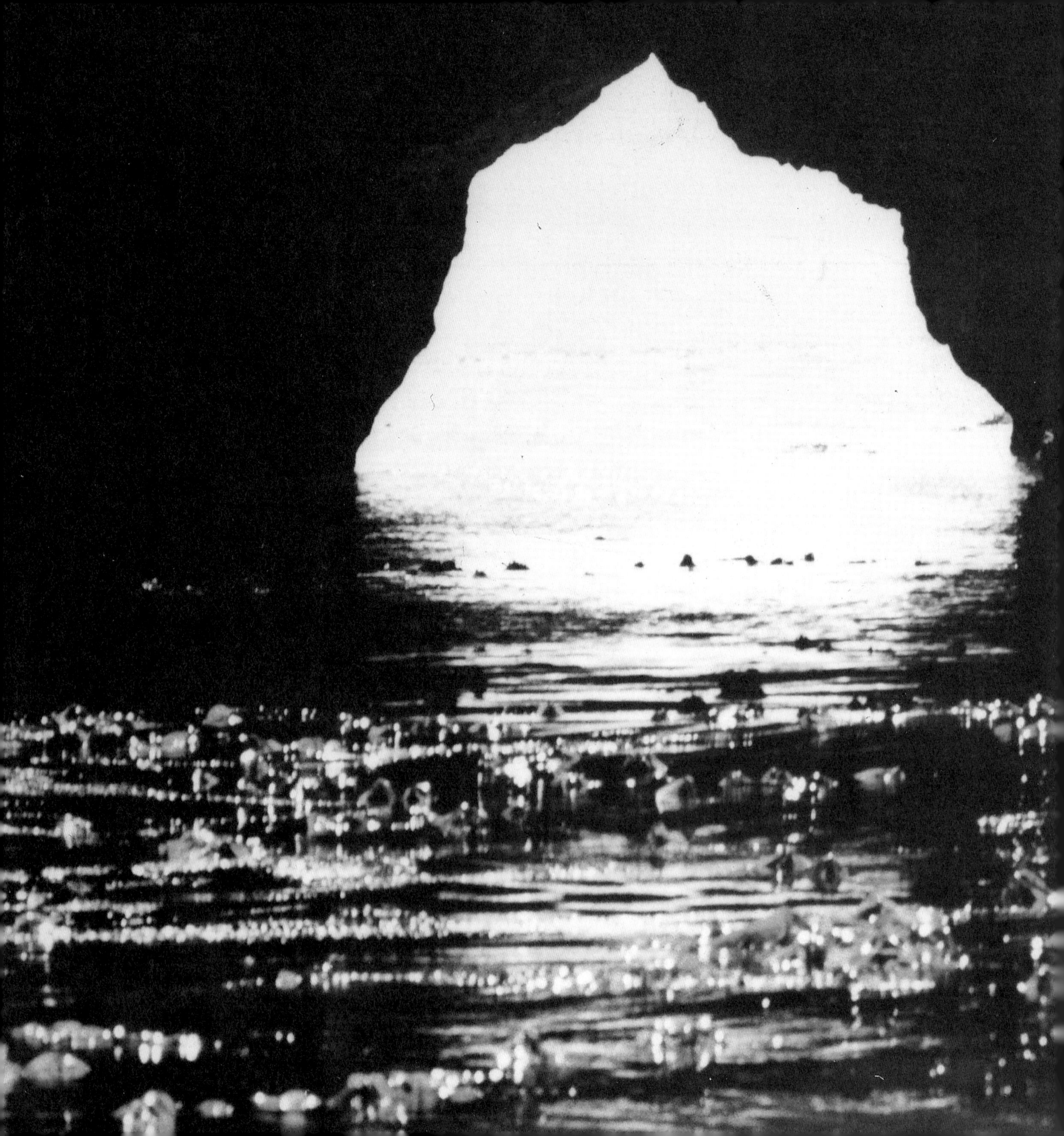

Hier soll ich durch?
Nein, eher will ich Ziele verändern lernen.
Ein Zieltransformer ist – frei nach Duden –
ein Träumer, ein Gerät manchmal nur,
der Vorhandenes aufnimmt,
nach eigenen Regeln umsetzt
und daraus für sich etwas Neuartiges macht.

Erster Dialog DO–UNDO: «Die einzige Grundregel unseres Tuns»

Ort der Handlung:
Fitness-Center BPP, ein Raum mit Übungsgeräten für Krafttraining und mit Einrichtungen für mentale Trainingstechniken.

Ein Auszug aus dem Prospekt des Bodhi Darma Physiological and Psychological training temple (BPP): «Unsere Krafttrainingsgeräte erlauben es, auf effizienteste Art und in kürzester Zeit die Erleuchtung zu erlangen. Dazu werden ununterbrochen starke, atmungsfördernde Übungen ausgeführt, welche wie beim meditierenden Singen durch das starke, entspannende Ausatmen einen Rauschzustand erwirken. Unsere mentale Trainingstechnik besteht zusätzlich aus einer patentierten Denkflasche mit garantierter Rückzugsmöglichkeit. Das Neue an unserer Einrichtung ist der Verschlußmechanismus: Sie müssen nicht mehr auf den Fischer warten, bis Sie, schon ganz als Geist, wieder herausgelassen werden, sondern Sie können den Verschluß mit einer Mentalbewegungstechnik (Extrakurs erhältlich) auch von innen öffnen.»

Enter Fragenix und Fragedik, zwei Trainingskollegen, die sich schon seit Jahren für angeregte, etwas surreale Diskussionen in diesem Raum treffen. Sie sind zweieiige Zwillinge, welche den Drang haben, sich etwas voneinander abzusetzen. Fragenix ist ein energischer DO-Typ, der sich, ohne viel zu fragen, einer Sache widmet, wie er sagt, aus lauter Faulheit nur einer Sache, aber gut. Im Gegensatz dazu ist Fragedik (frage dich) ein UNDO-Typ, der lieber nochmals nach dem Sinn fragt, weil er glaubt, daß dies am effizientesten zum Ziel führt. Sie behaupten, daß sie mit ihren verschiedenen Methoden jeweils gleich schnell zum gleichen Ziel kommen.

Fragedik: «Als ich vor einiger Zeit aus meiner Denkflasche kletterte, habe ich eine, und nur eine Grundregel für unsere moderne Zeit entdeckt. Sie beherrscht alles. Sie heißt: MEHR. Mehr tun, mehr Produktivität, mehr Rendite, mehr Marktanteil. Offensichtlich ist hier auch schon das Scheitern dieser Regel eingebaut. Es ist eine Unregel.»

Fragenix: «Das ist doch klar. Auch wenn wir:
‹negative Teuerung›,
‹weniger ist mehr›,
‹qualitatives Wachstum›
sagen, sprechen wir noch diese Sprache. Für mich macht es jedoch nur Sinn, mit konkreten Taten aus diesem Kreis auszubrechen und in eine andere Richtung zu zielen.»

Fragedik: «Ziele wie diese müssen sehr einfach und verständlich sein. Ein schönes Beispiel dafür ist eine von Präsident Roosevelt während des zweiten Weltkrieges ausgegebene Losung: ‹Die Anzahl der Ordner in der Verwaltung darf nicht erhöht werden.› Es sind damit viele Millionen Dollars gespart und Abläufe vereinfacht worden. Wenn Sitzungen und Beschlüsse nicht mehr dokumentiert werden können, sind sie vielleicht auch unnötig.»

Informatik ist: weniger Informationen zur richtigen Zeit!

Fragenix: «Ein neues Ziel könnte sein: Die Anzahl der Informationen darf auch im EDV-Zeitalter nicht zunehmen. Im Zeitalter der Just-in-Time-Production könnten wir uns auf den raschen Zugriff der wirklich erforderlichen Information beschränken.

Die heutige Entwicklung ist doch wieder ein sich selbst zerstörender Prozeß: Mehr technische Möglichkeiten, mehr Informationsmaterial, mehr Möglichkeiten, um besser und schneller zu sein als die Konkurrenz. Härterer Wettkampf, mehr Arbeit, um die gleichen Ziele wie vorher zu erreichen. Dabei war doch eigentlich die Zielsetzung der Rationalisierung, die gleiche Arbeit dank Informatik mit weniger Aufwand zu verrichten.»

Fragedik: «Statt solche Ziele für jedermann zu formulieren, habe ich Wichtigeres zu tun. Ich fahre zur Zeit eine Versuchsreihe in meinem Arbeitsbereich. Ich frage mich, ob es nicht möglich ist, neue Ziele und Maßnahmen per Zufall zu ermitteln. Dazu habe ich in meinem Planungsbüro die Arbeit für ein Vierteljahr unterbrochen und einen vollständigen Satz aller möglichen Zielsetzungen und Lösungen im

Die große visuelle Information einer Bibliothek ist ersetzt durch die kleine visuelle Information des Heim-Bildschirms. Ist das gut?

Würfelspiel Energiekonzept

Energie-Würfelspiel für Bürogebäude (oder die Angst des Bauherrn vor den arroganten Planern)

Zielsetzungen
1. Niedrige Investitionen, energiebewußt
2. Energiesparen, einfach, keine Mehrinvestition
3. Sehr anpassungsfähig an neue Nutzungsbedingungen, Mietobjekt, nur Grundausbau, energiebewußt
4. Intelligent gutmütiges Gebäude mit schlanker Technik
5. Demonstrationsvorhaben für integrale Lösungen, 1/10 Wärmebedarf im Vergleich zum heutigen Verbrauch
6. Besondere, sichtbare Akzente für Energiesparen, Erprobung einer neuen Technologie

Systemwahl Energienutzung (Beispiel Büro)
1. Nur Fensterlüftung
2. «Natürliche Lüftungssysteme»
3. Quellüftung
4. Zusätzliche Kühldecken bei höheren internen Lasten
5. Kühldecken mit reduziertem Einsatz der Kältemaschine (Speichereffekt)
6. Nachtauskühlung durch natürliches Lüftungssystem

Systemwahl Energieerzeugung
1. Fernwärme- und Abwärmenutzung
2. Ölkessel, Niedertemperaturheizung, Abwärmenutzung
3. Kondensierende Gasheizung, Niedertemperaturheizung, Abwärmenutzung
4. Niederenergiehaus mit Spitzenkessel, z.B. Holz, Energiespeicher
5. Blockheizkraftwerk und Spitzenkessel
6. Sammelheizung mit Blockheizkraftwerk, Wärmepumpe und Spitzenkessel

Erfolgskontrolle in Planung und Betrieb
1. Einhaltung Investitionsbudget
2. Einhaltung Investitionsbudget und Energiebudget
3. Bonus für Budgetunterschreitung für Planer und Betreiber
4. Bonus für Budgetunterschreitung für Planer und Betreiber, Unterstützung durch Kennwerte und Anzeige von Abweichungen durch das Leitsystem
5. Bonus für Budgetunterschreitung für Planer und Betreiber, Unterstützung durch Kennwerte und Anzeige von Abweichungen durch das Leitsystem mit regelmäßiger Instruktion des Benutzers
6. Niedrigenergiehäuser: die Energiezielsetzungen müssen im Betrieb erreicht werden

Bauwesen entworfen. Ich habe diese z.B. im Bereich Energiekonzepte in vier Würfeln dargestellt, nämlich in

172.   Die ihre Points verändernden Würfel.

Man zeigt zwei Würfel vor, zum Beweise, daß dieselben vollständig unpräpariert sind; trotzdem verändern dieselben mehrere Male ihre Points.

Rätselhaft, von effektvoller Wirkung

M. 1,50

- Energiezielsetzungen
- Systemwahl Energienutzung
- Systemwahl Energieerzeugung
- Erfolgskontrolle in Planung und Betrieb.

Neu an diesem Würfelspiel ist, daß jeder Würfel einzeln geworfen wird und die vier immer ein sinnvolles Energiekonzept ergeben.»

Fragenix: «Aber dies geht doch nicht, es fehlt der echte Dialog mit dem Bauherrn. Die richtigen Lösungen könnten doch irgendwo in den Zwischenräumen der sechs Würfelseiten liegen. Außerdem habe ich an solchen Konzepten überhaupt kein Interesse. Ich erfinde zur Zeit ein neues thermostatisches Ventil.»

Fragedik: «Dein Ventil interessiert mich überhaupt nicht. Ich weiß doch, wie es funktioniert. Die Räume werden nicht mehr überheizt, weil es die Heizung drosselt. Es ist ein großer Fortschritt. Solche Einzellösungen führen aber zu nichts. Mein Würfelspiel erlaubt mir nach dem Zufallsprinzip vielfältige Referenzprojekte zu erarbeiten, und dies einfach und billig, doch aufgrund von komplizierten Überlegungen.»

EDV-Programme sind wie Würfel: mit variierenden Annahmen ergeben sich variierende Lösungen.

Fragenix: «Ein thermostatisches Ventil funktioniert aber auch so, daß nachts oder im Frühjahr oder im Winter bei geöffnetem Fenster die Heizungen voll aufgedreht werden, obwohl dies doch gar nicht der Zweck ist.»

Fragedik: «Hör doch auf mit diesem blöden Ventil. Es ist doch ganz einfach. Ein intelligentes Leitsystem regelt die Ventile pro Raum. Der Benutzer kann zwischen drei Verhaltensweisen (nachts unbeheizt, nachts temperiert, abwesend für … Tage) wählen, wenn er bequem programmieren will, oder aber auch Einzelprogramme für die Räume vorgeben. Und wenn es dieses Leitsystem nicht gibt, wird es jemand, sobald er liest, was ich hier vorgeträumt habe, realisieren. Es ist doch schon längst machbar. Energiesparen muß einfach und bequem sein. Und die Heizkostenabrechnung könnte dem abonnierten Komfort entsprechen.

Und jetzt gebe ich dir ein Beispiel. Die vier Würfel haben mir folgende Aufgabe gestellt:

- 5 – 10 l Öl pro m² Jahr Wärmeverbrauch, statt 15 – 20 l
- passive Maßnahmen haben Vorrang
- Leasing Sammelheizzentrale
- Verbrauchskennzahl als Betriebskontrolle

Dies ist mein Energiekonzept.»

Fragenix: «Solche Ziele müssen strenger sein, um uns zu fordern. Ziele und Regeln sind auch in anderen Bereichen eine Bedingung für kreatives Schaffen, aber nur, wenn sie streng oder neu sind. So kann zum Beispiel in der Musik ein neues System aufgestellt werden, das nicht mehr aus einer Abfolge von Tönen besteht, sondern innerhalb eines Tones stattfindet. In kurzen Stücken von Scelsi, die jeweils für nur einen Ton geschrieben sind, werden Klangfarbe, Tempo, Tonlänge, Tonstärke, Pausen, Rhythmen der über 30 Instrumente variiert. Das Geniale an dieser Musik wurde nur durch dieses strenge Ziel möglich.»

Fragedik: «Eigentlich habe ich kein Interesse an Energie, oder höchstens, wenn es um die verborgene Kraft für kreative Menschen geht. Dann möchte ich Energieverluste vermeiden und verpaßte Möglichkeiten aufspüren.»

Fragenix: «Ich habe dazu eine Energiegleichung erfunden, nämlich Energie = viel Energieverlust + wenig Echtergie (siehe Dienstag). Die Beschäftigung mit dieser Energiegleichung kann zu einem schöpferischen Prozeß führen, zu einer Konzentration auf das Einfache und Schöne.»

Fragedik: «Um die Energiegleichung mit einer Analogie zu erklären: Zeit = Zeitverlust + Echtzeit.
Wir haben nie genug Zeit. Nie. Statt Zeitmanagement (alles noch effizienter machen, schneller, sogar die Freizeitbeschäftigungen) sollten wir uns auf das Aufspüren von Zeitverlusten konzentrieren, damit wir für die wichtigen Tätigkeiten Zeit haben (welche übrigens oft nur Sekunden erfordern, wie etwa ein lieber Blick für eine Person). Wollen wir alles unter Zeitdruck machen, um noch mehr zu unternehmen und noch mehr unter Zeitdruck zu geraten?»

Fragenix: «Zuerst will ich aber meine Übungen machen und träumen. Dann kann ich auch ohne Konzept auf Verhältnisse richtig reagieren.»

Fragenix hantiert nun im Fitness-Center an einer HST (Hantel für Schreibfinger-Bizeps Training) in rasendem Tempo. Er hechelt dabei:

«Tun, konzentriert sein auf eine Sache nur, ohne viele Fragen. Es ist fast egal, wo man anfängt. Fertiges wieder zerstören, um es wieder anders zusammenzusetzen. Immer wieder loslassen, statt Vollkommenheit (was für ein Horror!) zu erreichen. Aber immer daran bleiben.»

Fragedik klettert in seine Denkflasche und sagt:

«Wenn ich alle einschränkenden Bedingungen weglasse und von Visionen einer neuen, baubaren Welt träume, werde ich Dir massenhaft Anregungen geben können. Aber keine Kochrezepte, keine Mengenangaben.»

Wird aus den Visionen je etwas Konkretes, Brauchbares? Wird die nächste Diskussion über die Methode der unzulässigen Parallelen die Kollegen zu einer baubaren Vision führen? Gibt es eine bessere Regel, ein Wort nur, als «mehr»? Stay tuned, see us tomorrow!

Kennedy, etwas frei zitiert: «Geht zum Mond, einfach und billig!»

Fragedik braucht überhaupt keine Ziele, Fragenix einfache und strenge. Beide brauchen Visionen. Die Autoren sind nicht identisch mit Fragenix und Fragedik. Sie wollen sowohl Visionäre als auch Machertypen sein. Sie hoffen, in sich diesen Dauerdialog aufrechterhalten zu können.

Energiekonzept – Neubau

Das zielorientierte Planungsvorgehen im Bereich Energie beginnt mit einem Energiekonzept in vier Stufen:
1. Zielsetzungen
2. Systemwahl und Systemauslegung mit Optimierungen
3. Vergleich der Systemlösungen mit den Systemanforderungen gemäß den behördlichen Vorschriften und den mit dem Bauherrn festgelegten Werten
4. Überprüfung der Zielsetzungen, eventuell weitere Optimierungen.

Diese vier Stufen werden anschließend mit einem immer größeren Detaillierungsgrad während der verschiedenen Projektphasen wiederholt. Wesentlich ist bei diesem Verfahren, daß auch die Zielsetzungen hinterfragt werden dürfen. Sind sie noch sinnvoll, entspricht das Projekt überhaupt diesen Zielsetzungen?

Der Zaubertrick, Teil dieses Verfahrens, besteht darin, daß am Anfang im Sinne einer Denkhürde eine recht hohe Anforderung gewählt wird, z.B. ein extrem niedriger Energiebedarf. Im Laufe der gemeinsamen Bearbeitung müssen diese Anforderungen jeweils der machbaren Realität angepaßt werden.

Das Energiekonzept ist ein «Planungsleitsystem»: Ähnlich zum Leitsystem (welches die Haustechnik regelt), regelt es sämtliche energierelevanten Vorgänge bis zum optimierten Betrieb. Ein Energiekonzept bedeutet die gleichzeitige Optimierung von Bau und Technik während des ganzen Planungsprozesses, zur Erfüllung der in Zusammenarbeit mit dem Bauherrn aufgestellten Ziele.

Die Zielsetzungen für den Energieverbrauch guter Bauten nach heutiger Technik können aus nachfolgenden Bild entnommen werden.[3]

Es besteht nicht aus einem einmaligen Bericht und wird nicht von einem auswärtigen Teammitglied erstellt, sondern ist Teil eines eigenen Regelprozesses mit Zielvorgaben und Erfolgskontrolle. Es dauert von der Vorstudienphase bis zum zweiten Betriebsjahr.

Energiekonzept: Gemeinsame Suche nach den Zielen, auf möglichst hoher Ebene.

Es geht in diesem Bild um die Zahlenwerte: Sie geben einen objektiven Maßstab, ob der Bau energiegerecht ist. Einheit: MJ/m² a, Energieverbrauch. Wärme mit Kombikessel für Warmwasser. Elektro: kleinerer Wert mechanisch belüftet, größerer Wert klimatisiert (hochtechnisierter Bau). Achtung: Elektropreise sind oft 3 – 5 mal höher als Wärmepreise! Deshalb Elektroverbrauch mehr beachten!

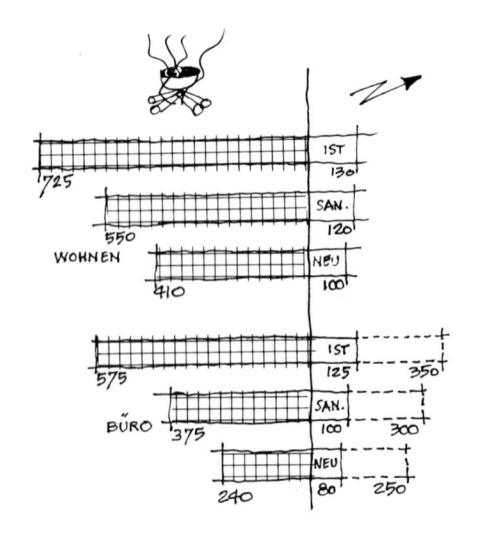

[3] Schweizerischer Ingenieur- und Architektenverein, Empfehlung 380/1, «Energie im Hochbau», 1988

Ziele für Beispiel Bürogebäude

1. Wärmeenergiebedarf 20% unter den geltenden Vorschriften
2. Elektroenergieverbrauch im Bereich Haustechnik entsprechend dem Zielwert im letzten Bild: Der Bereich Haustechnik umfaßt die Beleuchtung, die Außenluftzufuhr und die Raumkonditionierung sowie Diverses.
3. Gesamtenergetisch optimale Energieversorgung
4. Optimierung der Mittel für energiesparende Lösungen
   Nach Bestimmung des wirtschaftlichen Optimums zur Erreichung der Ziele 1 bis 3 werden die vom Bauherrn vorgesehenen «Zukunftsinvestitionen» bestimmt. Die Optimierung soll sicherstellen, daß dieser Betrag auf wirtschaftlich optimale Art für energiesparende Lösungen verwendet wird.
5. Zukunftsweisende Lösungen ohne Risiko für den Betrieb
   Die hohen Anforderungen im Bereich Wärme und Elektroenergiebedarf bedingen zukunftsweisende Lösungen. Es sollen jedoch nur schon mindestens einmal erprobte Elemente angewendet werden, um einen einfachen Betrieb ohne Risiko zu ermöglichen.
6. Flexibilität bei Nutzungs- und Technologieänderungen
   Die Haustechnik soll keine Einschränkung bei Nutzungs- und Betriebsänderungen verursachen. Durch den modularen Aufbau der Haustechnik und die Aufteilung der Anlagen in mehrere Einheiten sowie ein «Baukastensystem» für Grundausbau und Mieter-Installationen soll eine maximale Vermietbarkeit erreicht werden.
7. Förderung von energiebewußtem Verhalten des Mieters und Betreibers
   Der Planer sieht die Maßnahmen vor, welche es ermöglichen, Fehlverhalten in der Nutzung und beim Betrieb zu erkennen und zu korrigieren. (Kennzahlen, Checklisten)
8. Reduktion der Betriebsverluste
   Durch einfach zu betreibende Systeme und eine Regelungstechnik mit Bedarfsanpassung soll gewährleistet werden, daß der im Energiekonzept vor ausgesagte niedrige Energiebedarf beim Betrieb eingehalten wird.

Am besten: Energiekennzahl für Haustechnik vorgeben und dem Planerteam überlassen, wo bei der Beleuchtung, Lüftung etc. gespart werden soll.

Zukunftsinvestitionen
Der Bauherr will keine Optimierung, die er nicht versteht: er will mit x Geld y Nutzen!

Energieziele sind auch Kennzahlen für laufende Betriebsoptimierungen.

Entscheidungsbaum:

Es ist wichtig, daß die Entscheidungen in der richtigen Reihenfolge getroffen werden, daß die Zusammenhänge klar sind, daß sie richtig dokumentiert sind und daß die Entscheidungen zum richtigen Zeitpunkt (nicht zu früh, nicht zu spät) erfolgen. Dazu dient der Entscheidungsbaum. Ein Beispiel zeigt den Aufbau einschließlich der in diesem Fall gewählten Lösung.[4]

---

[4] EWI Ingenieure + Berater, Zürich, «Interne Arbeitsunterlagen», 1984

Entscheidungsbaum **ENERGIEKONZEPT**

Raum

1. *Belüftete Bürofläche*
   - "3/3" (Luftqualitätsfühler) ■
   - "2/3" ☐
   - "1/3" ☐
2. *Gruppenbüros*
   - Mit Glastrennwand ☐
   - Mit konventionellem Korridor ■
3. *Arbeitsplatzbelegung*
   - Konstant besetzte Arbeitsplätze in der Tageslichtzone ■
   - Hohe Belegungsdichte, konstant besetzte Arbeitsplätze im hinteren Bereich ☐
4. *Abgehängte Decke*
   - Ja ☐
   - Nein ■
5. *Thermische Masse in der Innenzone*
   - Ja ☐
   - Nein ■
6. *Interne Wärmelast*
   - Betriebseinheiten >15 W/m2 räumlich zusammengefasst
   - Ja ☐
   - Nein ■
   - Mit Abluft ☐

Fassade

7. *Besondere Südfassade mit Solarzellen*
   - Ja ■
   - Nein ☐
8. *Fensterbreite maximal*
   - Ja ■
   - Nein ☐
9. *Fensterglas*
   - 2-fach ☐
   - 3-fach ☐
   - Spezial ☐
   - HIT ■
10. *k-Wert*
    - 0.2 W/m2.K ☐
    - 0.3 W/m2.K ■
    - 0.4 W/m2.K ☐
11. *Beschattung*
    - Fest ☐
    - Beweglich, Handbetrieb ☐
    - Beweglich, Motorantrieb ■
12. *Nachtlüftung*
    - Ja ☐
    - Nein ■
13. *Tageslichtreflektoren*
    - Ja (Südfassade) ■
    - Nein ☐

Haustechnik, Nutzung

14. *Beleuchtung*
    - Allgemein 300 lux und Arbeitsplatz ☐
    - Allgemien 500 lux, Ein/Aus ☐
    - Allgemien 500 lux, geregelt ■
15. *Lüftungsanlagen mit minimalen Druckverlust, Luftmenge und Einschaltzeit*
    - Ja ■
    - Normal ☐
16. *Kühlung*
    - Ja (Grundwasser) ■
    - Nein ☐
    - Kaltwassernetz, Umluftgeräte nach Bedarf ☐
    - Kühldecke ■
17. *Individuelle Heizungsregulierung*
    - Ja ☐
    - Nein ■
18. *Wärmeabgabe*
    - Heizkörper ☐
    - Deckenheizung/Kühlung ■
    - Keine (HIT und Lüftung) ☐
19. *Benutzerabhängige automatische Abschaltung*
    - Ja ■
    - Nein ☐

Haustechnik, Erzeugung

20 *Kälteerzeugung*

- Adiabatische Kühlung ☐
- Kältemaschine ☐
- (Kältemaschine) und Wärmepumpe ■

21 *Warmwassererzeugung*

- Wärmepumpen-Warmwasserspeicher ☐
- Warmwasserspeicher mit Heizeinsatz ■
- Kollektoren ■

22 *Heizkessel (nf < 90%, Low-NOx)*

- Ja ☐
- Normal ☐
- Kein Kessel ■

23 *Wärmekauf*

- Ja ☐
- Nein ■

24 *Integrierte Solarzellen*

- Ja ■
- Nein ☐

25 *Wärmepumpe*

- Ja ■
- Nein ☐

26 *Wärmequelle*

- Flusswasser ☐
- Grundwasser ■
- Erdsonde ☐
- Luft ☐

27 *Antriebsenergie der Wärmepumpe*

- Strom ■
- Gas ☐

28 *Brennstoff Heizkessel*

- Oel oder Gas ☐
- Kein ■

29 *Leitsystem mit Energiehaushaltanzeige*

- Ja ■
- Nein ☐

**EMPFOHLENE LOESUNG
KEINE EMISSIONEN,
WAERMEPUMPEN-ARBEITSZAHL > 6**

Feste Randbedingungen

- Belegung variiert von 17 bis 10 m2/Arbeitsplatz (Nettofläche inkl. Sitzungszimmer, Archive, usw.).
- Grundriss und Raumbreite nach Plan des Architekten.
- Fenster zum öffnen.
- Keine garantierte sommerliche Raumlufttemperaturen.
- Keine Befeuchtung.
- Kein Rauchverbot.
- Leichte Zwischenwände.
- Normalerweise Korridor und Büros auf beiden Seiten.
- Gleicher Komfort bei Belüftung oder bei ausschliesslicher Fensterlüftung.
- Personalrestaurant soll möglich sein.
- Hauswartwohnung.
- Keine Wärme-Kraft-Koppelung.
- Zukunftsenergiepreis für Wirtschaftlichkeitsrechnung (heutiger Preis plus 100%). Nachweis der Zusatzinvestitionen im Vergleich zum heutigen Preis.
- Modularer Aufbau der Haustechnik.
- Einfacher Unterhalt.
- Erfolgskontrolle Energiekonzept im ersten Betriebsjahr (Messmöglichkeiten).

Energiekonzept: Optimierungen

Für die Zielsetzungen im Energiekonzept eines Bürogebäudes werden Optimierungen durchgeführt. Im folgenden stellen wir ein neues Verfahren, nicht jedoch die Zahlenwerte dar.

Es wird hier nicht auf minimale Jahreskosten optimiert, sondern es werden verständliche Begriffe wie Investition und Energiekosten verwendet.

Zuerst werden die Randbedingungen vorgegeben, welche auf jeden Fall und unabhängig von der Wirtschaftlichkeit erfüllt werden müssen (z.B. Wärmerückgewinnungen). Damit ergibt sich ein Grundfall. Anschließend zeigt die Optimierung, wie die zulässigen Investitionen und die Zukunftsinvestitionen für z.B. energiesparende Lösungen am besten verwendet und welche Ziele bezüglich Behaglichkeit und Energieverbrauch erreicht werden können.

Ein wesentlicher Unterschied zum heutigen Vorgehen ist, daß nicht mehr Einzelmaßnahmen einzeln optimiert und entschieden werden, sondern Gesamtlösungen, bestehend aus Maßnahmenpaketen. Der Planer macht Vorschläge für den Einsatz der Mittel, und der Bauherr entscheidet, wie weit er etwa beim Energiesparen gehen will.

Im folgenden geben wir ein Beispiel für die Darstellung[5] von Optimierungsresultaten: Wir zeigen den Energieverbrauch für 5 Varianten. Links ein bestehender Bau als Vergleich. Zu beachten ist besonders das Energiesparpotential durch Optimierungen!

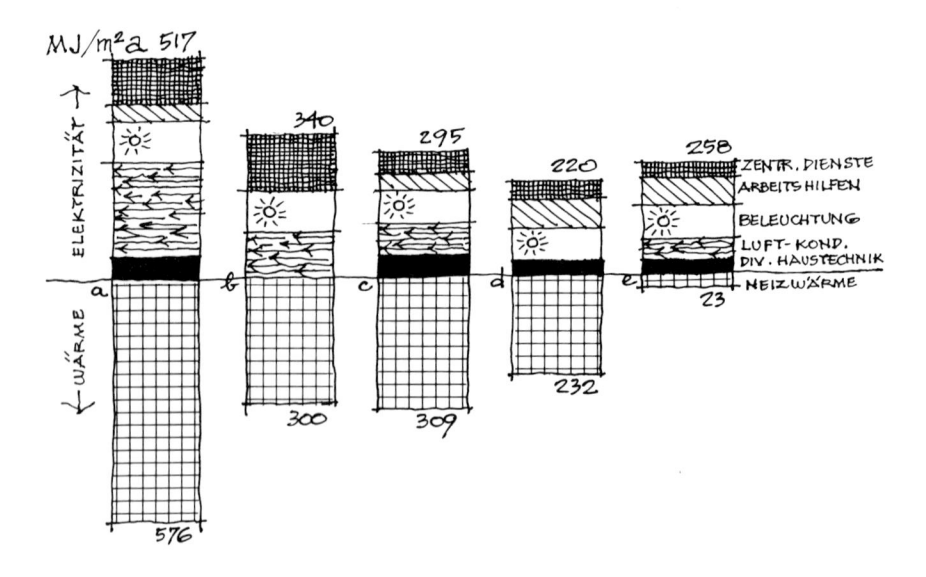

---

[5] EWI Ingenieure + Berater, Zürich, «Interne Arbeitsunterlagen», 1994

Übliche Darstellung:
1. Wahl des Planers, niedriger Energieverbrauch mit vertretbaren Investitionen
2. Optimum, d.h. minimale Jahreskosten (Betriebskosten + Abschreibungen + Kapitaldienst)
3. Wahl des Bauherrn, etwas höherer Energieverbrauch mit niedrigeren Investitionen
4. typisches Gebäude (Grundfall nach Vorschriften)

Verbesserte Darstellung:
1– 2 Paket mit weniger Energiekosten und Investitionen (z.B. keine Zwischendecke in Büros, keine Klimaanlage)
2 – 3 Starke Reduktion der Energiekosten, ca. 15 Jahre Abschreibungszeit
3 – 4 Maßnahmen mit 30 Jahren Abschreibungszeit
4 – Akzente, Animation zum Energiesparen, Zukunftsinvestitionen

Für unser Beispiel (siehe Zielsetzungen) werden folgende Systeme[6] untersucht:

a) Annahmen für alle Varianten (siehe Zielsetzungen):
- Fenster, die sich öffnen lassen, massive Bauweise
- Lamellenstoren mit Motor- statt Handantrieb
- hohe, helle Räume, Fenster bis unter die Decke mit Klarglas zur Unterstützung der Tageslichtnutzung
- Alle Lüftungsanlagen mit Wärmerückgewinnung, wo möglich mit Enthalpietauscher, und keine zusätzliche Befeuchtung
- Gas-Blockheizkraftwerk mit Gas-Spitzenkessel
- Beleuchtung in Tageslichtzonen separat, automatisch geschaltet
- Einzelraumtemperatur-Regulierung
- Gebäudemanagement mit Leitsystem

b) Optionen:
- Tageslichtnutzung durch Reflektoren vor der Fassade
- Fensterkontakt zur Unterbrechung von Lüftung, Heizung und Kühlung bei geöffnetem Fenster
- Luftqualitätssteuerung oder Präsenzsteuerung für Lüftungsanlagen
- Stufenlose Regelung der Beleuchtung

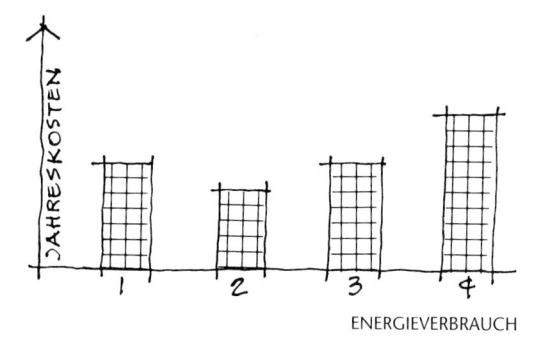

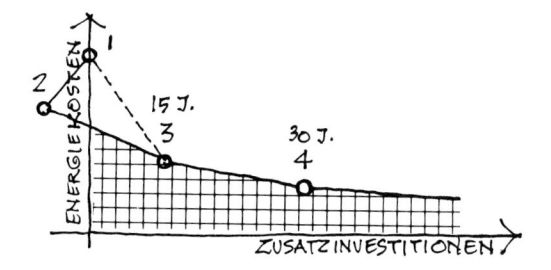

---

[6] Ewi Ingenieure + Berater, Zürich, «Interne Arbeitsunterlagen», 1994

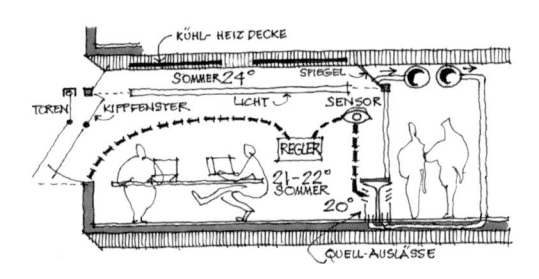

Quellüftung mit kombinierter Heiz-Kühldecke

c) Variante «Stand der Technik»:
- gute Wärmedämmungen: Fenster: k-Wert = 1,5 W/m²K
- Wände, Decken, Böden: k-Wert = 0,3 W/m²K
- Quellüftung mit 2fachem Luftwechsel
- Heizung mit Heizkörpern unter den Fenstern
- Kühldecken für Räume mit höheren internen Wärmelasten

d) Variante «morgen»:
- sehr gute Wärmedämmungen: Fenster: k-Wert ≤ 1,0 W/m²K
- Wände, Decken, Böden: k-Wert ≤ 0,2 W/m²K
- Quellüftung mit 1.5fachem Luftwechsel
- Kombinierte Heiz-Kühldecken für alle Büros, d.h. Nachtauskühlung der Decke und Räume ohne Kältemaschine, passive Nutzung der Baumasse

Quellüftung mit kombinierter Heiz-Kühldecke in der Variante „morgen":

Sommer:
Einführen von leicht gekühlter Zuluft über dem Boden, ein «Kaltluftsee» entsteht. An den Wärmequellen im Raum steigt Luft aus dem See empor und führt Wärme und Verunreinigungen ab. Die verbrauchte, warme Luft sammelt sich an der Decke an, von wo sie abgesogen wird. Ein Großteil der Wärme wird mit der Kühldecke abgeführt, die ohne Kältemaschine betrieben werden kann (Nachtauskühlung der Decke).

Winter:
Geheizt wird mit der Heizdecke, die ihre Wärme durch Strahlung an den Raum abgibt (ca. 30°C nur). Das Lüftungsprinzip bleibt gleich wie im Sommer. Keine Heizkörper mehr nötig.

Behaglichkeit:
Laminare Raumströmung durch niedrige Luftgeschwindigkeiten. Natürliche Temperaturschichtung im Raum. Warme Umschließungsflächen sind im Winter sehr angenehm.

Optionen:
- Fensterkontakt   ist das Fenster offen, schaltet die Lüftung aus
- Präsenzfühler   ist niemand im Raum, schaltet die Lüftung aus
- Luftqualitätsfühler   keine mechanische Lüftung, wenn Qualität genügend
- Keine Lüftung   Heiz-Kühldecke, kann auch ohne Außenluftzufuhr betrieben werden.

Sanierung bestehender Bürobauten

Kriterien für die Notwendigkeit einer energetischen Sanierungsanalyse für bestehende Bürobauten

1. Spezifischer Elektroenergieverbrauch >300 MJ/m²a, spezifischer Elektroenergieverbrauch Haustechnik (Diverse Technik, Beleuchtung, Lüftung, Kälte) >200 MJ/m²a

Zu vergleichen mit Zielsetzungen für Neubauten, siehe Energiekonzept.

2. Verwendung veralteter Systeme
- nicht zu öffnende Fenster
- sehr stark reflektierende Gläser (schlechte Tageslichtnutzung)
- kein Sonnenschutz außen, Klarglasfenster
- Zweikanalklimaanlage
- Beleuchtung mit einer installierten Leistung über 30 W/m².

3. Veraltete Betriebsweise der technischen Anlagen
- Kältemaschinenbetrieb für Raumkühlung bei Außenlufttemperaturen unter 5°C
- Betrieb des Heizkessels für Raumheizung im Sommer
- hoher Bedarf für Ruhebetrieb und Hilfsenergie, d.h. hoher Elektroenergieverbrauch samstags, sonntags und nachts
- nicht einzeln abschaltbare Elektroanlagen (besonders zu überprüfen: Informatikvernetzung, Drucker, Telefax, aber auch Umwälzpumpen und Beleuchtung).

Die Katze oder Do-Undo: beobachten abwarten springen.

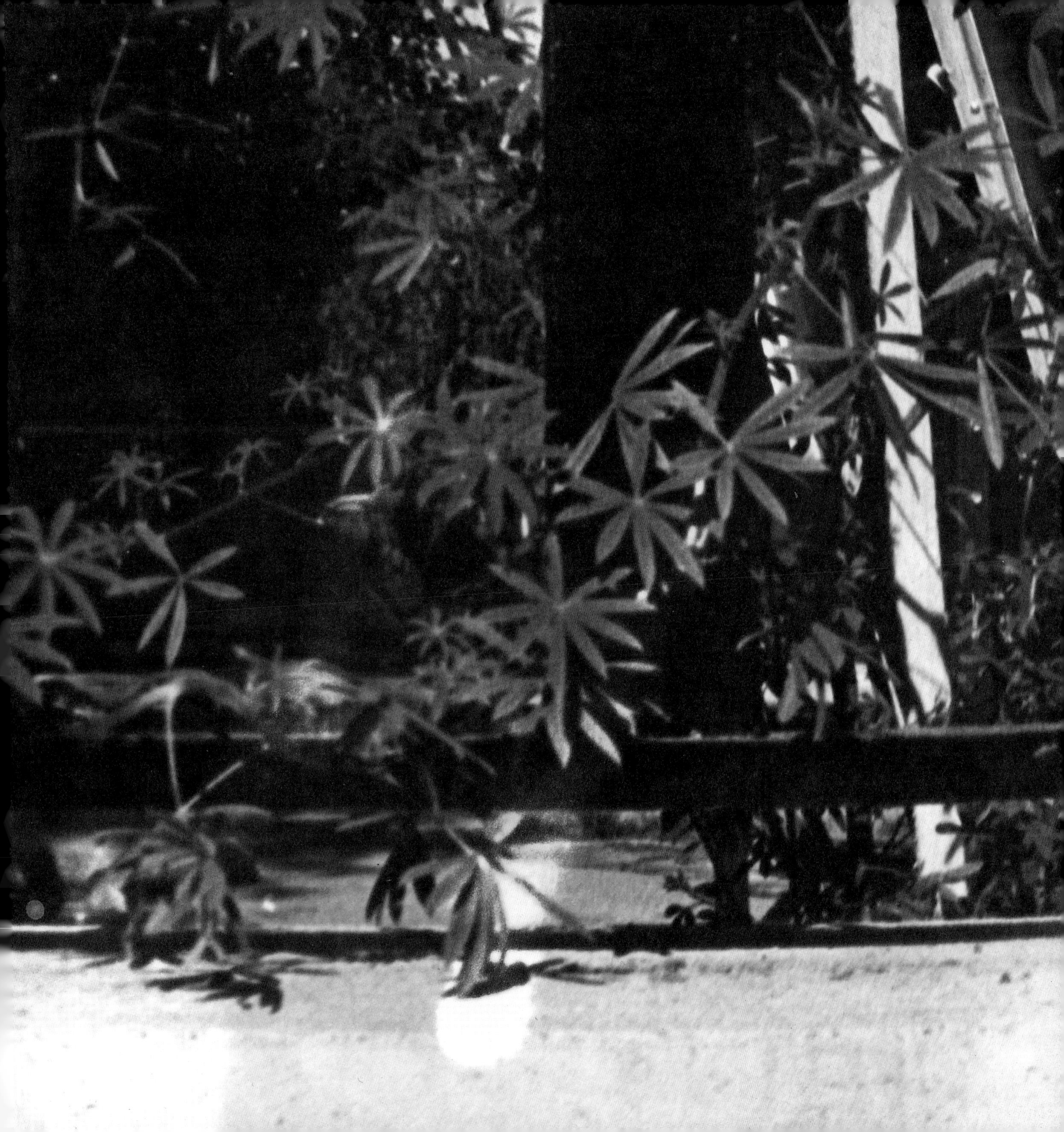

Dienstag: Schlanke Technik

Nachdem die Bauherren und Planer etwas untätig herumgestanden sind, haben sie Fett angesetzt. Nun tobt der Star War der Schlankwerdung. Soll schlank werden liebenswert sein? Ein Hohn, besonders für die Angestellten, die Angst um ihre Arbeitsplätze haben. Und doch, eine neue industrielle Revolution ist im Gange. Firmen, einzelne Arbeitsplätze, Wohngelegenheiten und Freizeit sind stark betroffen. In dieser neuen Welt wird der bestehen, welcher mit Innovation und Begeisterung, mit Liebe zur Sache ein Plus bringt, zusätzlich zur erforderlichen Produktivität: Mit Fleiß und billiger Arbeit allein können wir nicht alles erreichen. Die schlanke Welt erfordert auch im Bereich Bauen und Technik wesentliche Änderungen. Wie wird eine schlanke Bauwelt aussehen? Ihre Fundamente werden gekonnt einfache Lösungen sein, einfach im Sinne von Matisse: «Ich habe immer versucht, meine Anstrengungen zu verbergen; ich habe immer gewünscht, daß meine Werke die unbekümmerte Fröhlichkeit des Frühlings haben sollten, der nie die Vermutung aufkommen läßt, welche Anstrengung dies alles gekostet hat.»

Die Welt von morgen
Einfach ist schön
Dosierte Technik
Natürliche Technik
Gutmütige Technik
Ein Wohnbau von morgen
Sanierungen
Zweiter Dialog DO–UNDO: «Baukonzepte und
   Kochrezepte»
Regeln der Kunst für heutige Bürobauten
Akzente im Technikkonzept am Beispiel eines
   multifunktionalen Projekts

Die Welt von morgen

Mehr Freizeit, gerechtere Verteilung der Arbeit auf alle

Die Welt von morgen wird anders sein: Weniger Arbeitsplätze, aber mehr Freibeschäftigte, mehr Zulieferer (eine Chance für kleine und mittelständische Betriebe), mehr Freizeit. Verwendung der Wohnungen für eine zweite Arbeit neben der normalen konstanten Arbeit. Diese Entwicklungen werden eine Umwälzung in unseren Wohn- und Arbeitsgewohnheiten bedeuten – mit den entsprechenden Konsequenzen für Bau und Technik.

Die Folgen werden mehr gemischte Nutzungen in ein und demselben Bau sein: Arbeiten, Wohnen, Verkaufen, Freizeit etc.

Niemand darf mehr als zwei Freunde entfernt sein vom höchsten örtlichen Verantwortlichen. (Spruch aus dem alten Athen)

Nur noch Kleinbauten für virtuelle Firmen

Auch wird es andere Firmenorganisationen mit übersichtlichen Firmen und etwa 500 Angestellten geben. Bei dieser Größe genügen zwei Hierarchieebenen (10 Gruppen à 5, 10 Abteilungen à 50 Personen). Größere Firmen werden oben durch eine virtuelle Ebene (kleine Geschäftsleitung, eine Firmenvision und Controlling) ergänzt, unten durch eine andere virtuelle Ebene der Zulieferer (= Just-in-Time). Virtuell nennen wir diese Ebenen, weil sie nur durch die EDV-Informationssysteme möglich geworden sind. Man kann nun für virtuelle Firmen bauen: neuartige, nicht mehr macht-, sondern kommunikationsbetonte Bauten.

Trotz je einer Schlankheitskur alle 5 Jahre immer dicker?

Vor allem wird aber auch beim Bauen die schlanke Technik analog zu den schlanken Organisationen Einzug halten. Bei Anwendung der Denkmethode DO – UNDO gibt es keine drastischen Schlankheitskuren mehr, schlank bleiben ist ein Dauerprozeß.

Müssen wir auf Krisen und auf Gemeinkostenanalysen warten, bis unfähige Chefs und Mitarbeiter ersetzt werden dürfen?

Lupe
Wir möchten uns nun mit der Lupe die Energienutzung und -erzeugung anschauen. Dies in der Überzeugung, daß ein Bau, welcher energiemäßig nachlässig geplant ist, auch investitions- und behaglichkeitsmäßig eine lausige Arbeit ist. Dies führt uns zu neuen Ideen über die schlanke Technik.

«Die Etage war als Großraumbüro konzipiert, so daß zu jeder Minute des Tages jeder jeden im Blick hatte: Köpfe und Oberkörper und Arme in ständiger Bewegung zwischen Barrikaden aus Metallschränken und Preßspan-Raumteilern. Die Luft wurde in einem geschlossenen Kreislauf klimatisiert und recyclet, die Fenster waren versiegelt. Der Fußboden war mit einem Synthetikspannteppich ausgelegt, der sich bei jedem Schritt auflud, so daß man einen kleinen Schlag bekam, sobald man mit der Hand etwas berührte. Das Neonlicht war gnadenlos weiß, und in den seltenen Augenblicken der Stille, in der Mittagspause und abends, wenn fast alle gegangen waren, hörte man an der niedrigen Decke Tausende von Leuchtstoffröhren knistern...»[1]

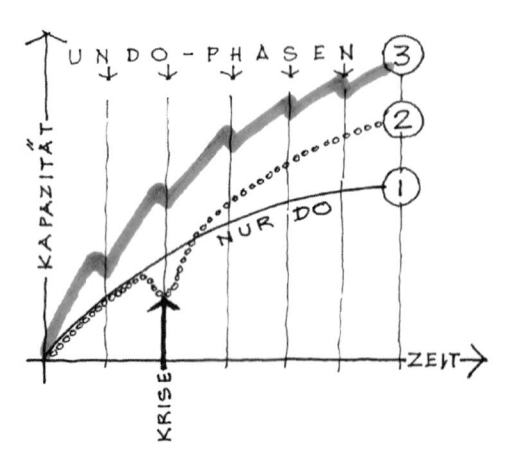

1. Stagnation: Kein UNDO. Die Kapazitätsgrenze ist je nach Fähigkeit erreicht.
2. Krise: Einmaliges UNDO
3. Innovation: Kontinuierliches DO-UNDO

Mondschein
Um die zukünftigen Möglichkeiten aufzuzeigen, möchten wir Trends in der Planung von Bürogebäuden skizzieren.

---

[1] Andrea DeCarlo, «Techniken der Verführung», Diogenes, Zürich, 1993

a) Zur Zeit werden viele Bürogebäude mit großen Luftmengen für die Wärmeabfuhr der Betriebseinrichtungen betrieben, die älteren sogar bei geschlossenen Fenstern und Leichtbaukonstruktion mit zusätzlicher Kühlung.

b) Ein modischer Gegentrend ist die Plazierung von Wintergärten in den Bau, Arbeiten mit natürlichem Luftzug und Kaminwirkung, wobei die Luft durch die Glashäuser gezogen wird. Weil dies alles nicht unter allen Umständen genügend sicher funktioniert, wird auch noch eine mechanische Lüftungsanlage eingebaut, und eine komplizierte EDV-Optimierung sorgt dafür, daß zwischen natürlicher und mechanischer Lüftung umgeschaltet werden kann.

c) Eine noch neuere Tendenz ist hier skizziert: Die Anlagen bewußt schwach dimensionieren, nur einen Grundausbau vorsehen und für spätere Entwicklungen die Möglichkeit zum raschen und den Betrieb nicht störenden Umbau schaffen.

d) Noch einfacher ist es aber, die Bauten so zu konzipieren, daß sie die Lüftungsanlage gar nicht benötigen, d.h. kleine, übersichtliche Büros, welche durch Fenster, ohne Gefahr von Durchzug, gelüftet werden können.

Unsere nahe Zukunft ist die Tendenz c). Längerfristig sollten wir aber nach d) mit baulichen Maßnahmen dafür sorgen, daß ein großer Teil der Haustechnik unnötig wird.

Wir werden nun ein neues Technikverständnis skizzieren, welches wir schlanke Technik nennen. Mit Technik meinen wir: Bau- und Haustechnik.

Sie ist *dosiert, natürlich, gutmütig.*

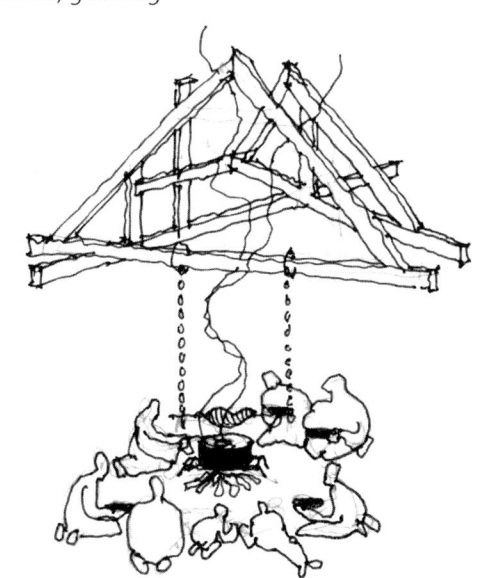

Immer überall mehr

1 Büro, 1 Wintergarten, 1 Büro, 1…?

Schwache Technik

**Damit sind wir bei den Methoden unserer Großväter angelangt
… und unserer Enkel.**

Der Herd war und bleibt das Familienzentrum für Jung und Alt. Für jeden Bau müssen wir zuerst das Zentrum finden und vereinfachen.

Einfach ist schön

1551. Der ständige Gewinner beim Sechs-und-Sechzig.

Dieses Kunststück steht infolge seiner Einfachheit einzig da und ist trotzdem von eminenter Wirkung. Der Künstler gewinnt jede Partie „Sechsundsechzig".

In zwei Ausführungen M. 1,50

Wir sprechen hier nicht über einen liebenswerten Partner, sondern über die Attribute eines liebenswerten Wohn-, Schul- oder Bürogebäudes der neuen Generation: schlank = dosiert + natürlich + gutmütig

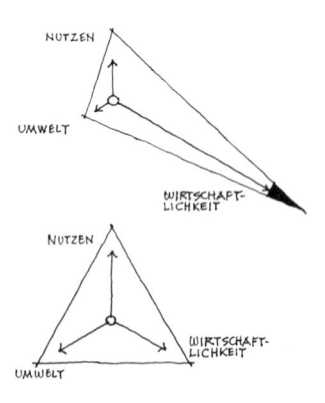

Bitte Luxus hier streichen! Wir müßten viel zuviel dazu erklären! Am Freitag geht es auch um die Methode der lustvollen Energieverschwendung als neues Energiesparmittel.

Einfach ist schön, und schön muß nicht teuer sein.

Obwohl in der Tendenz richtig, möchten wir diese scheinbar banale Aussage präzisieren.

Wir meinen gekonnt einfach: Wie die Pyramiden, wo sich hinter der einfachen Form große Leistungen (z.B. bezüglich Sternkunde und Bautechnik) verbergen.

Und wir meinen vielschichtig einfach, also eine sogenannte «schlanke Technik», die sich nicht mehr in den Vordergrund drängt, die dosiert, natürlich und gutmütig ist.

Diesen Begriff schlanke Technik haben wir abgeleitet aus dem heute hochaktuellen Produktionsprozeß: Lean Production oder Just-in-time. Dies bedeutet, daß sämtliche nicht effiziente und nicht immer benötigte Leistungen eines Produktionsbetriebes abgebaut werden und die erforderlichen Lieferungen kurz vor Gebrauch zu konkurrenzfähigen Preisen erfolgen. Schlank: im Sinne von geistig schlank, d.h. beweglich, bedürfniskonzentriert, zukunftsorientiert.

Im Bild sind die drei Ziele Nutzung, Wirtschaftlichkeit und Umweltverträglichkeit dargestellt. Vom Schwerpunkt aus symbolisiert eine größere Länge zur Spitze, daß diesem Aspekt die größte Bedeutung zugemessen wird. Unser Ziel ist das gleichschenklige Dreieck, in dem ohne wesentliche Mehrkosten und ohne eine Verschlechterung der Wirtschaftlichkeit eine hohe Qualität bei Nutzung und Energieverwendung erreicht wird.

Diesem Ziel dienen auch die drei Attribute der neuen Bautechnik und Haustechnik: dosiert, natürlich und gutmütig.

Im Bereich Bau kann bedeuten:

- Dosiert: Eine wesentliche Vereinfachung (und Verbesserung des Wohnungsgrundrisses mit Mehrfachnutzungen), das Weglassen von unnötigem Luxus und überflüssigen Flächen.
- Natürlich: Die Verwendung von natürlichen Materialien wie Holz, wo dies zweckentsprechend oder schön ist, das Konzept Wald-Waldrand-Wiese (siehe Mittwoch).
- Gutmütig: Eine Wohnung, die sich individuellen Bedürfnissen oder veränderten Nutzungen auf einfache Weise anpassen läßt.

Im folgenden werden wir die dosierte, natürliche und gutmütige Technik im Beispiel Bürogebäude darstellen.

Dosierte Technik

1. Wo können technische Anlagen vermieden werden?
2. Wann müssen sie betrieben werden?
3. Wieviel ist in jedem Moment nötig?

1. Wo können technische Anlagen vermieden werden?
Diese Frage wird durch die Hinterfragung der Bauherrenanforderungen beantwortet.
  Dabei müssen Aspekte wie wirklich benötigte thermische Behaglichkeitswerte im Raum, zulässige Mehrinvestitionen für niedrigen Energieverbrauch und hohe Flexibilität beim Weiterausbau diskutiert werden.
  Wir wollen einen vernünftigen Komfort und eine hohe Behaglichkeit (z.B. 17°C Raumlufttemperatur und 22°C Wandtemperatur).
Als Bedarf sollte auch die individuelle Beeinflußbarkeit durch den Benutzer in einem Büroraum erkannt werden. Individuelles Ein- und Ausschalten der Anlagen, eine einfache Korrektur des Sollwertes sowie zwei bis drei frei wählbare Systeme (z.B. bei der Bürobeleuchtung mit verschiedenen Arbeitsplatzleuchten) können die Behaglichkeit wesentlich erhöhen.

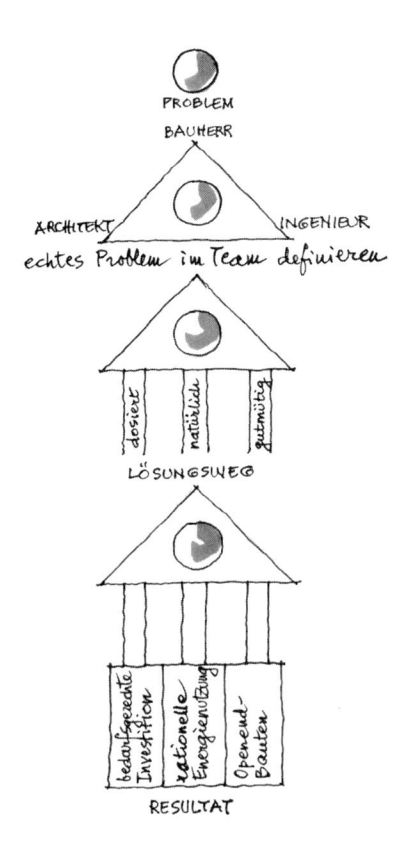

Schlanke Technik
(von der Idee über Planung und Ausführung bis zum Betrieb)

WWW: Wo? Wann? Wieviel?
Techikeinsatz sorgfältig dosieren!
Kontrollfrage WWW immer wieder stellen!

Ein inneres künstliches Klima kuriert einen Lungenkranken nicht, sondern ein äußeres wahres Klima auf 1800 m ü.M., Tag und Nacht unter dicken Duvets mit Bettflasche bei minus 20°C. (Erfahrung des Architekt-Autors)

Sparpotential: Prozente oder Faktoren? Je länger wir uns mit den Energieverlusten beschäftigen und je weiter wir in diesem Buch vordringen, um so mehr werden wir entdecken, daß Echtergie in vielen Fällen nur einen kleinen Teil des vermeintlichen Energiebedarfes darstellt.

Betrieb nur bei Bedarf, ansonsten wird Modular abgestellt.

Wir müssen uns von den garantierten Bedingungen lösen und den Mut haben, die Anlagen bewußt – und in Absprache mit den Bauherren – schwach zu dimensionieren, mit einfacher Ausbaumöglichkeit für spätere, unvorhergesehene Fälle.

Die dosierte Technik realisiert nicht mehr alles technisch Machbare. Somit wird ein niedriger Energieverbrauch nicht auf Kosten von hohen Mehrinvestitionen erkauft. Unsere erfundene Energiegleichung führt zu einer vertieften Beschäftigung mit den Energieverlusten und zu extrem niedrigen Energieverbräuchen:
Effektiver Energieverbrauch = viel Energieverlust + wenig Echtergie
Echtergie nennen wir denjenigen Teil des Energiebedarfs, welcher zur Erfüllung der echten Bedürfnisse wirklich erforderlich ist.

Unsere Beschäftigung gilt der intensiven Suche nach Möglichkeiten, um die Energieverluste zu reduzieren. Unter Energieverlusten verstehen wir hier auch einen Energieverbrauch, welcher zwar bei korrekt ausgelegten technischen Anlagen entsteht, der aber zur Erfüllung von unnötigen Bedürfnissen verwendet wird. Beispiele: Abfuhr größerer Wärmemengen in einem Bürogebäude mit Luft (ein Planungsfehler); zu langer Betrieb der Lüftungsanlagen (ein Betriebsfehler); Vorgabe einer zu hohen internen Last aus Sicherheitsüberlegungen (ein Anforderungsfehler). Näheres siehe am Ende dieses Kapitels.

2. Wann müssen die Anlagen betrieben werden?
Dort, wo uns die Dosierung der Technik gelingt, wo also etwa die Einschaltzeit und die Betriebsweise der Anlagen auf die tatsächlichen Bedürfnisse angepaßt werden können, ist ein großes Energiesparpotential vorhanden.

Beispiele dafür sind der Einsatz von hochwertigen Regelsystemen mit Fühlern (CO_2-Messung in Hörsälen, Anwesenheitsfühler für Beleuchtung und Lüftungsanlagen in nicht häufig belegten kleinen Räumen) und differenzierte, vom Leitsystem gesteuerte Einschaltprogramme für Räume mit besonderer Nutzung.

3. Wieviel ist in jedem Moment nötig?
Bei der dosierten Haustechnik geht es nicht nur um die sorgfältige Bedarfsabklärung für technische Systeme und für die Systemwahl, sondern auch um die Dimensionierung der Anlagen (in einem Büro z.B. Luftwechsel 1- bis 2fach, statt wie früher 4- bis 6fach). Auch werden wir Heizkessel nicht mehr um einen Faktor 2 – 3 wie früher überdimensionieren und damit neben höheren Investitionen auch noch höhere Bereitschaftsverluste verursachen.

In andern Technikbereichen ist eine größere Dimensionierung von Vorteil: Beim Lüftungskanalquerschnitt können die Druckverluste, und bei Heizkörperflächen kann die Vorlauftemperatur verringert werden, bei der Kühldeckengröße kann die Kaltwassertemperatur angehoben und damit indirekt die auch im Sommer kühle Nachtluft für die Wärmeabfuhr im Raum verwendet werden. Ein Vorteil sind auch Stufenschaltungen für Lüftungsanlagen, so daß diese in der ersten Stufe mit extrem kleinem Energieverbrauch betrieben werden können.

Natürliche Technik

Wir wollen die Naturelemente Wasser, Erde, Luft, Licht und die Gebäudeelemente Grundrißform, Masse und Hülle für eine effiziente Energiebedarfsdeckung verwenden.

Beispiel:
In einem Einkaufszentrum wird sowohl auf eine Kältemaschine für Raumkühlung als auch auf Heizkessel verzichtet. Die angesaugte Außenluft wird durch das Erdreich geführt und dort abgekühlt. Dieser Effekt wird unterstützt durch Grundwasserströme. Durch stufenweise Schaltung der Lüftungsanlagen, je nach Betriebszeit und Kundenandrang, kann elektrische Energie für Luftförderung gespart werden.

Daneben wird durch Rückgewinnung der internen Wärme (Beleuchtung, Personen) die Beheizung größtenteils ohne Zusatzenergie erfolgen. Sollte dies nicht genügen, so können die Kältemaschinen für gewerbliche Kälte (z.B. Kältemöbel) zur Wärmerückgewinnung im Wärmepumpenbetrieb verwendet werden. Neben der Umweltenergie wird hier auf sinnvolle Art die interne Wärme mit Priorität verwendet.

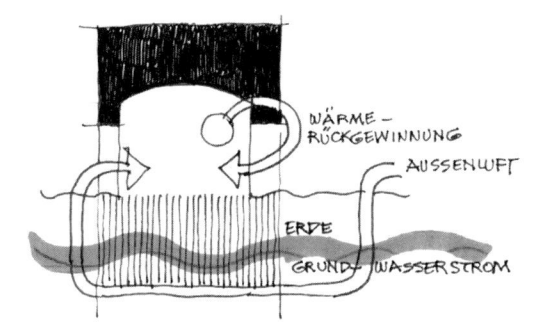

Kein Heizkessel, keine Kältemaschine – ein Zaubertrick?

Gutmütige Technik

Sie ist träge, aber auch flink.

Träge
Für den Betreiber werden einfache Kennwerte aufgestellt, mit deren Hilfe er mögliche Fehler korrigieren kann. Dabei kann ihn das Leitsystem unterstützen, vor allem wenn es auf eine einfache und verständliche Art dargestellt ist.

Passive Elemente haben Vorrang, aktive Elemente ergänzen sie: Fenster mit extrem niedrigem k-Wert (k = 1 W/m²K), keine Heizkörper am Fenster, dafür kleine flinke Radiatoren und großflächige Flächenheizungen mit extrem niedriger Vorlauftemperatur und Versorgung im Wärmepumpenbetrieb. Die Arbeitszahlen sollen möglichst 5 – 6, statt 2 – 3 betragen.

Im Betrieb ist gutmütige Haustechnik
- träge und damit fehlertolerant
- flink, wenn es darum geht, veränderlichen Lasten gerecht zu werden, und anpassungsfähig gegenüber Nutzungsänderungen mit einem angemessenen Aufwand.

Flink
Ein modularer Ausbau erlaubt das Abstellen der Anlagen sektorenweise; es werden 3 Stufen (sleep, Grundlast, Spitzenlast) verwendet für die rasche Anpassung an die Betriebszustände mit jeweils bester Energienutzung; ein Regelsystem Mensch – Bau – Technik sorgt dafür, daß der Benutzer bei der Wahl der optimalen Einstellungen den Vorrang hat und durch das System so unterstützt wird, daß etwa das Energiesparen lern- und ablesbar wird.

In Bürobauten soll die Technik mit kleinem Aufwand dank modularer Technik angepaßt werden können. Aus Gründen der Investitionskosten wird hier der Vollausbauzustand eigentlich nie ganz erreicht. Anpassungen im Mieterausbau erfolgen jedoch laufend und mit geringer Betriebsstörung. Bei der Inbetriebnahme wird nur ein Grundausbau vorgesehen, z.B. der Einbau von Lüftungsanlagen und Kühldecken erfolgt erst bei Bedarf. Es ist jedoch alles dafür geplant.

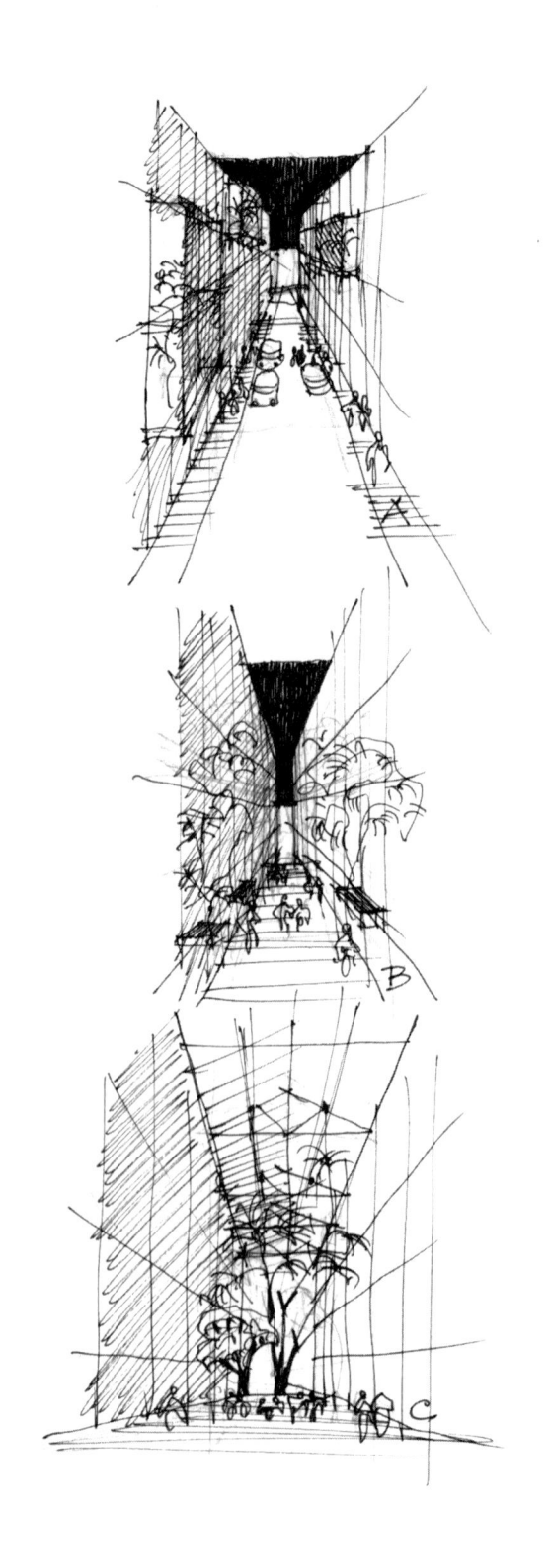

Metamorphose des Veranda-Prinzips:
Ausgehängte Glas-Veranden mit innerem
Grünzeug (A) überwuchern die Verkehrsstraße,
erweitern sich zu zusammenhängenden Glas-
wänden vor Käfig-Pflanzungen auf beiden Seiten
einer engen Fußachse (B), diese erweitert sich
schließlich durch die Verglasung ihres Daches zu
einer bepflanzten Innenwelt (C).

Ein Wohnbau von morgen

Wärmenutzung:
Als Zielsetzung für den Energieverbrauch setzen wir 3 Liter Öl pro m² ein. Dies anstelle von früher 20, heute 10 bis 15 Litern pro m².
Auch der Elektroverbrauch soll drastisch gesenkt werden.

Die Unregel: «Heizkörper sind immer unter dem Fenster», wird nicht mehr befolgt. Es werden extrem gute Fenster, k = 1 bis 1,3 W/m²°K, verwendet (Ausnahme Südseite, Schlafzimmer). Gedankenlose Lüftungsverluste durch Klappenfenster werden vermieden, in Küchen und Badezimmern abgesaugte Luft wird für Wärmerückgewinnung verwendet. Heiztapeten und temperierte Nischen (22°C) werden möglichst mit Abwärme gespeist; sie sorgen für angenehme Oberflächentemperaturen, wobei die Raumtemperaturen niedriger sein können (17°C). Ergänzt werden diese Systeme durch flinke, kleine Heizungen.

Mit der Gebäudemasse müssen wir spielen. Sie ist aktiv für die Wärmegewinnung zu nutzen. Küche und Badezimmer (Wärmequellen) sind mitten in der Wohnung plaziert.

Auf der Südseite sorgen größere Fenster für die passive Nutzung der Sonnenenergie, wobei mit einer Speicherung, z.B. 6 Stunden, die Wärme vom sonnigen Tag für spätere Zeiten «eingelagert» wird. Diese Speicher sind eventuell regelbar, z.B. mit Wasserdurchfluß. Damit der südliche Raum sich nicht überhitzt, wird mit kleinen Ventilatoren dafür gesorgt, daß auch die gegen Norden liegenden Teile der Wohnung beheizt werden können.

Wärmeerzeugung:
Für die Wärmeerzeugung von Überbauungen oder einer Gruppe von Häusern kann eine «Blackbox» verwendet werden (siehe Mittwoch, Baumodule). Hier müssen wir nur wissen, daß man diese von den städtischen Werken leasen kann (heute eine Vision) und daß sie im Gegensatz zu unserem Schulwissen keinen Wirkungsgrad unter 1 hat, sondern einen von 1,5 bis 2,5.

Elektroenergie:
Im Bereich Elektroenergie wird ein extrem flinker und gut regulierender Kochherd verwendet. Der große Backofen kann von den Bewohnern der Überbauung gemeinsam genutzt, seine Abwärme so für die Wassererwärmung verwendet werden. Elektroenergie wird, wenn möglich, mit Wärmepumpen und nicht durch Direktheizung im Winter eingesetzt. Für Wasch- und Abwaschmaschinen wird das Warmwasser der Heizzentrale verwendet. Die Wäschetrocknung erfolgt in einem besonderen Trocknerraum.

Energieverbrauch:
Der Energieverbrauch ist extrem niedrig, 50 MJ/m² a, siehe Bauvisionen, Freitag (Echtergiebauten). Als Vergleich dazu ein Energieflußdiagramm: «Wohnen heute, sehr guter Standard.» (220 MJ/m²a)

Das Wohnen, wie wir es heute kennen, ist so weit von seinen Ursprüngen abgekommen, daß nur eine vollständige Kehrtwendung zu einem naturnahen Leben zurückführen kann. Dieses Problem geht über das Ziel unseres Wochenprogramms hinaus. Stay tuned for next week.

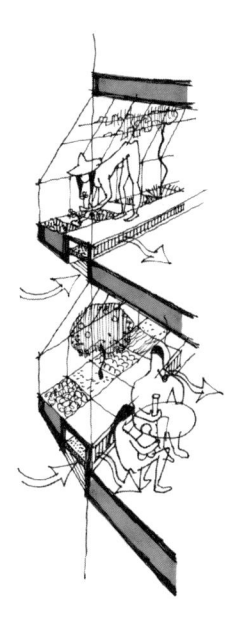

Sonnenenergienutzung:
Wohnungen in Hochhäusern können durch treibhausartige Manipulationen der Fassade mit eingebauten Geräten zur Lüftung und Wärmerückgewinnung friedliche Oasen werden.

Wohnen heute:
220 MJ/m² a Wärme

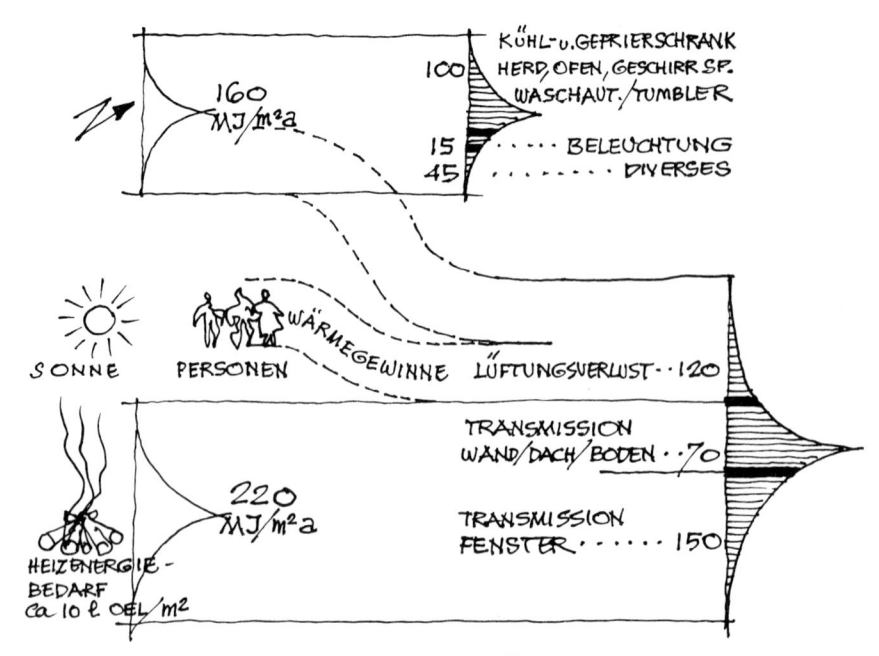

[Handskizze Energieflussdiagramm:]

160 MJ/m²a — 100 KÜHL- u. GEFRIERSCHRANK, HERD, OFEN, GESCHIRRSP., WASCHAUT./TUMBLER
15 ..... BELEUCHTUNG
45 ..... DIVERSES

SONNE, PERSONEN — WÄRMEGEWINNE — LÜFTUNGSVERLUST .. 120
TRANSMISSION WAND/DACH/BODEN .. 70
220 MJ/m²a
HEIZENERGIE-BEDARF ca. 10 ℓ OEL/m²
TRANSMISSION FENSTER 150

Zahlen: MJ/m² a (Wärme: 220 entspricht ca. 6 l Öl/m², Elektro: 160 entspricht 4500 kWh pro Haushalt)
Vierpersonenhaushalt. 3720 Heizgradtage, Zürich, Mehrfamilienhaus, 8300 m² Bruttogeschoßfläche.

Bei Energieflußdiagrammen ist immer zu beachten: Elektrische Energie kann 3 – 5 mal teurer sein als Wärmeenergie! Nicht Energiemengen, sondern Energiekosten beachten!
Neben diesen Energieaspekten ist es auch eine Zielsetzung (Z1), die Investitionen durch modulare, vereinfachte Systeme und sorgfältige und immer wieder verwendbare Systemplanung zu senken.

Z0 Energie
Z1 Investition
Z2 Vorteile des Einfamilienhauses beim Mehrfamilienhaus

Eine zweite, noch wichtigere Zielsetzung (Z2) ist, in der Wohnung eines Mehrfamilienhauses eine höhere Wohnqualität zu erhalten. Grundsätzlich sollten alle Vorteile des Einfamilienhauses in einer Wohnung zu finden sein. Größerer Freiraum, Möglichkeit, mehr Lärm zu machen, Möglichkeiten für Kinder und Erwachsene, Kontakt mit andern zu pflegen.
　Ist immer mehr Komfort, immer mehr Fläche pro Person ein Ziel? Warum erreichen wir das und reisen am Wochenende vermehrt weg? Wir wollen kleinere, aber individuell gestaltbare Bereiche (Wald), aber auch größere gemeinsame Bereiche für flexible Nutzung wie Arbeit, Basteln, Backen (Wiese), und damit dies alles funktioniert, eine Übergangszone, besonders gestaltet (Waldrand). So müssen wir nicht immer und überall den gleichen Komfort haben, sondern eher «Inseln der Behaglichkeit». Insgesamt sparen wir Wohnflächen und Investitionen.
　Diese Ideen führen zu den am Freitag skizzierten Visionen. Sie sind sinngemäß auch für Büros anwendbar.

Sanierungen

Wir werden in nächster Zeit nur wenige Neubauten erstellen. Hingegen können im Rahmen von Umbauten und Sanierungen viele der skizzierten Ideen verwirklicht werden.

Wir möchten nun ein Energiebarometer zum Vermieten erfinden. Dieses analysiert den Elektroenergieverbrauch: Wieviel Energie wird nachts, samstags und sonntags verwendet (Suche nach Abschaltmöglichkeiten, z.B. Video, Fernseher etc.), wieviel Energie brauchen wir für Kochen, Waschen (beim nächsten Ersatz der Apparate beachten), wieviel Energie brauchen wir in Büros für Betriebseinrichtungen wie PC, Netz und Drucker (beim Einkauf beachten, Abschaltmöglichkeiten vorsehen)?

Eine weitere Möglichkeit: Im Bereich der Tageslichtnutzung von Arbeitsplätzen sind z.B. durch bessere EDV-Plazierung zahlreiche Verbesserungsmöglichkeiten vorhanden.

Im Bereich Wärme lassen sich bei Sanierungen Sammelheizungen besonders gut einrichten, zu denen die Initiative in der Regel von den Stadtwerken ausgehen könnte. Eine neue Aufgabe für diese Werke!

Bei Umnutzung von Industriebauten entstehen viele ungeahnte Möglichkeiten.

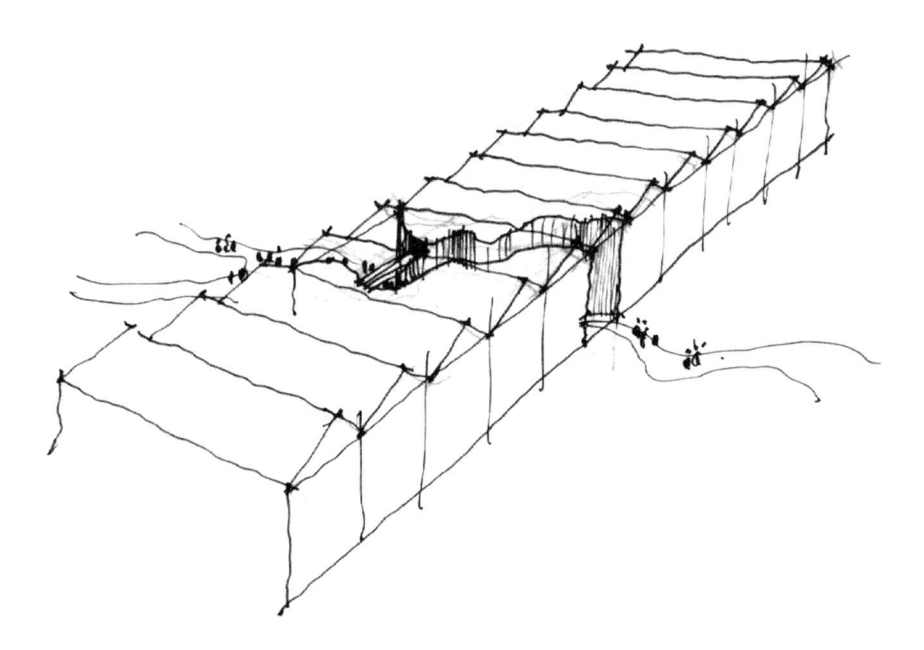

Grundsätzlich möchten wir Sanierungen immer mit einer Verbesserung der Wohn- oder Arbeitsplatzqualität verbinden.

Nur eine eigene Energieanalyse des Verbrauchers (eventuell unter Mithilfe eines Beraters) führt dazu, die Möglichkeiten zum Energiesparen auch sinnlich zu verdeutlichen.

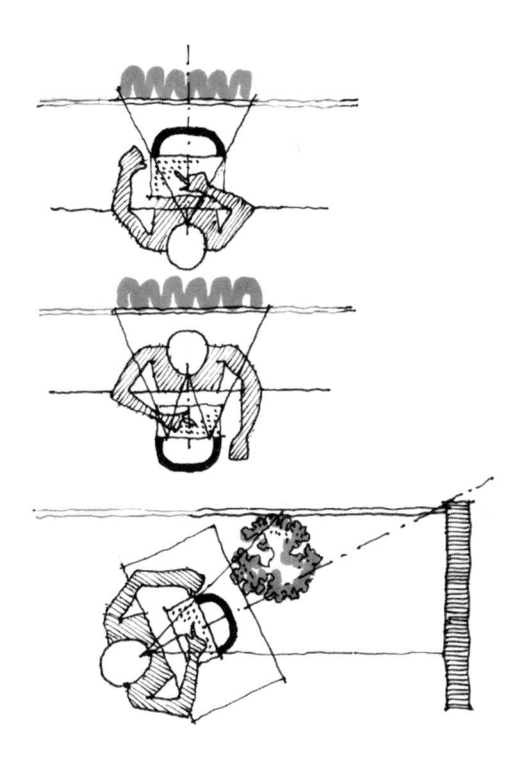

Ein Spalt hat Schockwirkung, indem er der Eintönigkeit einer verlassenen Fabrik entgegenwirkt. Es können von dort kleinere Zonen erschlossen werden, und die anti-geometrische Form des Zugangs hat Magnetwirkung.

Die häufigsten Fehler bei der Aufstellung von Bildschirmen: Die Fenster werden mit Storen «zugemauert» (oben, Mitte), obwohl eine Aufstellung des Bildschirms schräg oder 90° zum Fenster und ein kleiner, lokal angebrachter Blendschutz (beim Fenster oder, noch besser, beim Bildschirm durch Stellwände und Pflanzen) doch genügten (unten).

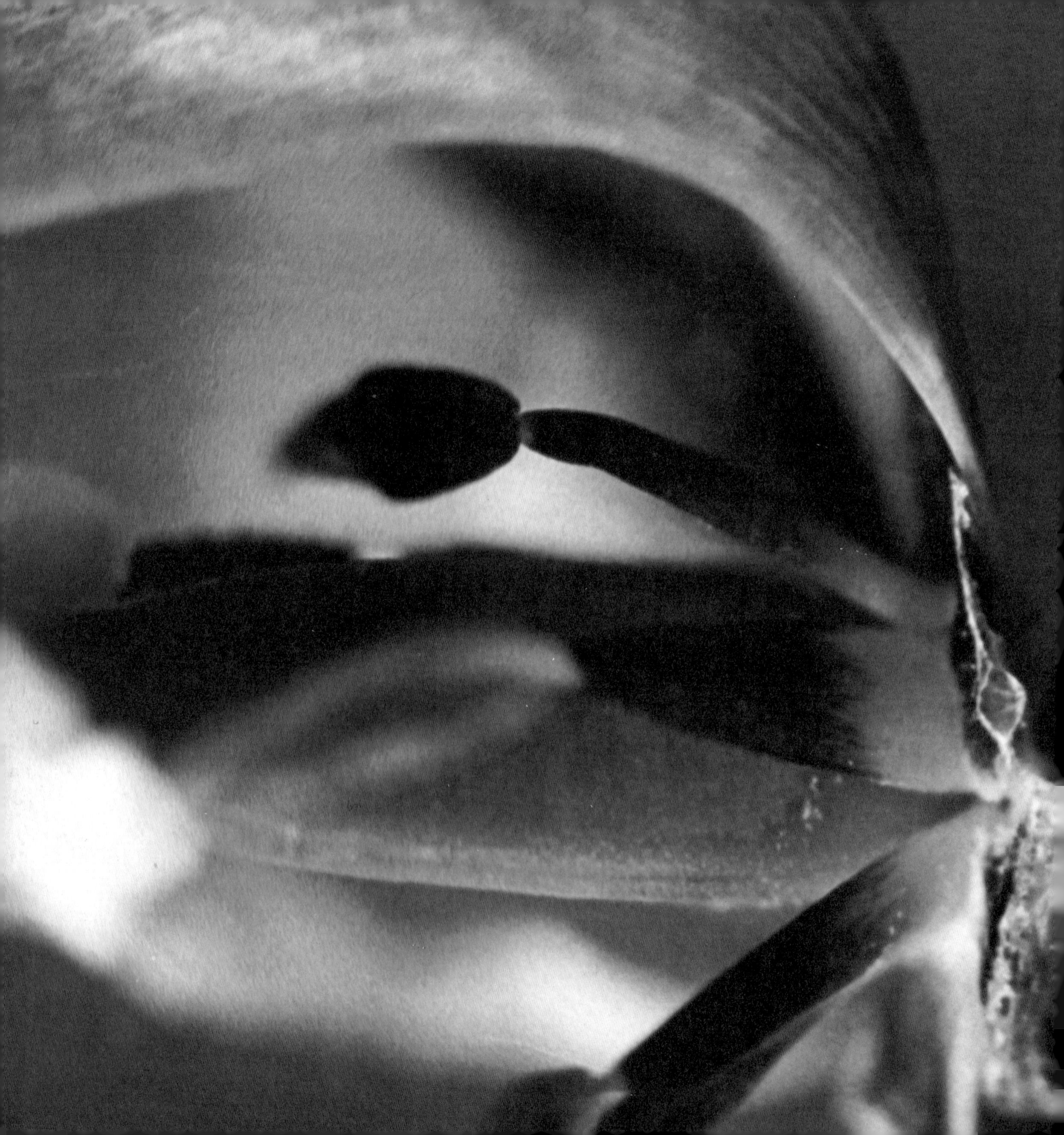

Gekonnte oder geklonte Einfachheit

**Gekonnte Einfachheit ist etwas ganz Selbstverständliches, hinter dem sich unendlich viel Arbeit verbirgt.
Geklonte Einfachheit (genetisch identische Einheiten) wäre ein Nachahmen dieser scheinbar so leicht hingeworfenen Lösungen. Sie beinhaltet deren Substanz, nicht mehr.**

**Einfach: Steht keine Arbeit dahinter?
Sind die Varianten eines Schachspiels, welche nie gespielt werden, weniger brillant als die einfache und gespielte Lösung?
Sind die Gefühle des Malers, die Gespräche mit seinem Modell weniger wichtig als die scheinbar schnell hingeworfenen, einfachen Linien?
Ist das, was wir wollten, als wir jung waren, weniger wichtig als das, was wir nun sind?**

**Die Tulpe ist einfach.
Ein anderer Blickwinkel
auf etwas Bekanntes,
und die Tulpe sagt, was sie will.**

Zweiter Dialog DO–UNDO: «Baukonzepte und Kochrezepte»

Das Fitness-Center BPP, Dienstagabend, die zwei Trainingskollegen Fragenix und Fragedik treffen sich wieder und kommen auf ihr Gespräch vom Montag zurück.

Fragedik: «Ich hatte am Montag in der Denkflasche eine Reihe von Ideen. Es waren wilde dabei, aber auch sehr angenehme und schöne. Ich habe auch eine Methode entdeckt, um die realisierbaren auszuwählen. Es ist die Methode der unzulässigen Parallelen. Dabei vergleiche ich Sachen, die an sich nicht vergleichbar sind. Ich kann dadurch überraschende neue Schlußfolgerungen ziehen, und plötzlich sehe ich meinen Weg ganz klar.»

Fragenix: «Ich brauche jetzt dringend etwas, um dafür eine praktische Verwendung zu finden. Ich habe Dir noch nicht gesagt, daß in zehn Minuten noch vier Freunde kommen, um die erste Begegnung im Club der Spinner zu erleben.»

Fragedik: «Was für ein Club?»

Fragenix: «Wir fanden, daß wir zusammen etwas Anregendes tun wollen, Ideen hervorbringen, gemeinsame, auch abwegige zum Thema ‹Wege in die Zukunft in Bau und Technik›.»

Fragedik: «Spinnen kann ich nur mit einer kleinen Gruppe von Freunden, nur wenn wir etwas zusammen tun, z.B. Übungen im Trainingsraum machen, schwatzen, still sitzen und gemeinsam essen.»

Fragenix: «Eben, wir werden gemeinsam essen, nach allen Regeln des Spinnens.»

Fragedik: «In zehn Minuten sechs Leute? Zum Essen? Zuerst müssen wir doch Spielregel-Statuten für unseren Club der Spinner haben.»

Acht Minuten vergehen nun... die Regeln entstehen:
1. Sich nicht ernst nehmen. Die eigene Meinung nach Anhören des andern ändern dürfen.
2. Den andern ernst nehmen. Keine verbale Kritik äußern, auch nicht durch Mimik.
3. So schnell wie möglich und so viele Ideen wie möglich produzieren.
4. Über die Auswertung der Ideen reden wir bei einem andern Essen.
5. Die später zur Realisierung ausgewählten Ideen konsequent durchziehen, bis die Idee stirbt oder wirklich lebt.

Fragenix: «In der Zeit, wo Du Dich mit diesen Statuten befaßt, gehe ich doch schon mal die Freunde holen und einkaufen.»

Fragedik: «Dazu kannst Du meine Methode verwenden: Den Aufwand beim Kochen ins Einkaufen verlegen, d.h. die besten Produkte kaufen und wissen wo: jedes Produkt immer am gleichen Ort, dort, wo man Dich kennt. Dann bei der Zubereitung die Speisen möglichst wenig verfälschen und extrem schnell kochen. Ich gebe Dir eine Liste, wo Du hingehen sollst:

a) Die Gemüsefrau, sie kann nicht bewässern, ihr Gemüse schlägt wesentlich stärkere Wurzeln. Wie sie sagt: ‹Die Karotten schmecken noch nach Karotten, die Kartoffeln nach Kartoffeln›.

b) Das Quartiergeschäft mit Käse, wo mich der Ladeninhaber kennt. Um guten Käse zu kaufen, mußt Du im Laden stehen, unschlüssig dastehen und riechen und fühlen. Ihm dann erzählen, welche Gäste kommen. Er hält Dir dann einige Käseproben hin. Du benützt den Daumen, die Augen und die Nase.

c) Ein altmodisches Fischgeschäft, wo ich mich auf zwei bis drei ausgewählte Fischsorten konzentriere, die ich immer wieder besser zuzubereiten versuche.»

Fragenix: «Ich habe nun das Abendessen komponiert. Ziel ist, etwas Außergewöhnliches gemeinsam zu machen, eine Serie von Vorspeisen, Nieren, Milken, Schafsleber, alles hauchdünn geschnitten und nach chinesischer Art in 30 Sekunden gebraten. Dazu grüner vietnamesischer Reis. Und Rucola als Salat mit Olivenöl (ich genehmige mir pro Jahr nur eine Flasche dieses außergewöhnlichen Produktes aus einem Gut, wo ich einmal Ferien machte), Parmesan-Scheibchen darauf gelegt, nachher eine Fischsuppe 5-Minuten-Art, Käse und Wein. Mein Konzept: grün/braun/gelb/ und gebraten/gekocht/roh, resp. knusprig/ weich/flüssig.»

---

84. Der Nürnberger Trichter.

Der Künstler bittet einen Zuschauer, zu ihm zu kommen und fragt denselben, ob er wohl ein Glas Wein trinken möchte. Der Zuschauer bejaht selbstverständlich, doch der Künstler zeigt ihm achselzuckend ein leeres Weinglas. „Woher nehmen und nicht stehlen". Kurz entschlossen ergreift der Künstler einen einfachen Trichter und setzt denselben vor den Magen des Zuschauers; sofort fließt der schönste Rotwein aus dem Trichter in das Glas.
Diese Pièce ist ebenso originell wie verblüffend und wird diese stets dem Künstler den Beifall des Publikums erringen helfen, da die Zuschauer derartige heitere Scenen lieben. . . . M. —.75

Gemüse ist ein Hinweis zum Thema «echte Ziele, echte Bedürfnisse».
Käse und Wein sind «integrale Systeme für die Architektur von Bürobauten der Kommunikationsgeneration».
Fisch ist ein «Denkmodul», das immer besser verwendet wird.

Das Rezept der 5-Minuten-Fischsuppe:
Gemüse extrem dünn schneiden, mit Fischbouillon in kaltem Wasser aufsetzen, Safran, Salz und andere Gewürze, z.B. Koriander, dazugeben. Der Witz dabei ist, daß die Suppe in den 5 Minuten fertig ist, bis das Wasser kocht. Die Fischfilets werden gegen Ende des Prozesses mit einem Sieb eingetaucht und nach etwa 30 Sekunden, wenn sie gerade richtig sind, wieder herausgenommen. Damit ist das Hauptproblem der Fischsuppe theoretisch gelöst: Eine gute Suppe braucht eine lange Kochzeit (Fischsud), ein gutes Fischfilet eine extrem kurze. Dann noch Toast mit Knoblauch zur Suppe servieren und die Fischfilets im letzten Moment wieder auf die Teller legen mit Kerbelblättern, Petersilienblättern und anderen Kräutern aus dem Garten, die nicht mehr gekocht werden.

Einspruch des Lektors: Das Kapitel «Signale» verspricht doch Bauvisionen und nicht Kochrezepte

Fragedik: «Ganz so geht das nicht. Die Reihenfolge muß offen bleiben. Ihr kauft ein, wir sortieren die Zutaten am Tisch, machen immer wieder andere Häufchen, entscheiden dann über die erste Speise, kochen diese, diskutieren nachher, gehen in die Küche, arrangieren die Zutaten neu, machen die zweite Speise usw. Vielleicht essen wir dann die Suppe erst am Ende des Abends, weil wir nach den vielen Vorspeisen plötzlich Lust auf Käse haben und in den Wald gehen, um Luft zu schnappen und Übungen zu machen, und erst danach Lust auf eine warme Suppe haben. Das Unerwartete, das aus der Reihe Fallende, liefert dann die Substanz für Deine harmonische Abendessen-Komposition.»

Nach der Suppe ergibt sich eine lebhafte Diskussion.
Fragedik postuliert die Methode der unzulässigen Parallelen. Er behauptet, daß der Ablauf des Abends die Wege der Zukunft in der Bauplanung darstellt. Dazu präsentiert er folgende Tabelle:

Essen	Bauen
Grundidee des gemeinsamen Essens: zusammen neue Ideen entwickeln.	Grundidee des integralen Bauens: zusammen ein Gebäude errichten.
Einfache natürliche Komponenten höchster Qualität. Den Arbeitsaufwand in das richtige Einkaufen verlegen.	Bewährte einfache Komponenten.
Die guten Zutaten durch die Zubereitung wenig verfälschen. Extrem schnell kochen. Mit Leichtigkeit und Eleganz. Dies erlaubt auch Improvisation, Umstellungen.	Freundliche Systeme, für den Benutzer ablesbar, einfache, logische Systemabläufe, Reaktionsmöglichkeiten auf Unvorhergesehenes.
Zusammen entscheiden über die Abfolge des Essens, harmonische Abläufe beim Essen und im Zusammensein.	Energiesparendes, mit dem Bauherrn aufgestelltes Energiekonzept, immer wieder während der Planung überprüft, angepaßt und während der ersten Betriebsjahre als Zielwert für Betriebsoptimierungen verwendet.
Entspannt von allem Vorbestimmtem abweichen, die kleine Abweichung von der Regel kann die Hauptsache werden.	Planen für den Wandel. Der Planer begleitet die ersten Betriebsjahre. Unvorhergesehene Änderungen können zu sehr schönen und neuen technischen Lösungen führen.

Die Methode der unzulässigen Parallelen basiert auf der Ehrlichkeit. Ein Test dafür ist, daß beim Bauen und beim Kochen oder beim Zusammensein mit Freunden die gleichen Regeln angewendet werden können.

Die Methode sagt auch aus, daß eine Regel dann eine große Chance hat, richtig zu sein, wenn
- *sie einfach zu verstehen ist*
- *sie auch für viele andere Bereiche anwendbar ist.*

Nun ist die Stimme von Fragedik aus der Denkflasche zu hören.
«Ich habe am Montag den kleinsten gemeinsamen Nenner der heutigen Industriewelt gefunden: *Mehr*.
Mehr Marktanteil, mehr Gewinn, mehr Karriere etc. Wie ich dort schon gesehen habe, ein selbstzerstörender logischer Prozeß.

Ich habe nun heute Dienstag die Gegenregel erfunden (*mehr* war eine sogenannte Unregel), die Gegenregel habt ihr beim Suppenkochen erwähnt: *Gerade*.
Gerade so viel wie nötig,
dort, wo es nötig ist,
dann, wenn es nötig ist.
Eigentlich die Grundidee der Just-in-Time-Production.

Eine degenerierte Fassung ist dann die sogenannte Lean-Production, welche nach Cassell's Wörterbuch eigentlich magere Produktion heißt. Mager oder dürr, sprich: ungesund-mager. Sie heißt nach Cassell's sicher nicht schlank und beweglich, wie die Zeitungen es eigentlich behaupten.

Wenn wir aber diese Regel *Gerade* bei der Bauplanung anwenden wollen, braucht es wie beim Einkaufen der einfachsten Produkte unendlich viel Aufwand und Erfahrung, um zu wissen, was, wo und wann tun, oder auch den Mut, in einem bestimmten Moment gar nichts zu tun.»

82. Das Ei des Kolumbus.

Der Künstler überreicht den Zuschauern ein Ei mit der Bitte, dasselbe auf die Spitze zu stellen; dieses wird natürlich keinem der Zuschauer gelingen. Der Künstler hingegen nimmt das Ei und stellt dasselbe sofort auf die Spitze. Aeußerst originell und scherzhaft!

Per Stück . . . . M. —,75

Wann werden die Helden mit Spinnen erstmals Geld verdienen?
Müssen sie nicht auch mal ausspannen? Stay tuned.

Würde die Fassade wieder luftdurchlässig gemacht, so könnten die Räume schnaufen und durch einen kleinen Überdruck ihre Feuchtigkeit nach außen abgeben, statt die innere Konstruktion zu verschwitzen. Ein Haus ist ein Körper, der schwitzen und schnaufen muß wie ein Mensch. Die Kleidung soll locker sein und porig. In einem porigen Haus, wo ständig Luft zirkuliert, wird die Kältebrücke bedeutungslos. Sie ist nicht mehr Brennpunkt aller Attacken. Sie ist nur noch einer von vielen Übergängen.
Ohne Kältebrückenangst könnte man wieder konstruieren statt zu verheimlichen, Gewichte ableiten statt sie umzuleiten, sich mit Rohstruktur beschäftigen statt mit Verkleidungen. Die Architektur ist im Innern befreit, dort wo sie Räume macht und Perspektiven eröffnet.
Unsere technische Bauphantasie stagniert heute in Fixformeln. Die Berufsschulen für Bauzeichnerlehrlinge z.B. hantieren mit Dachrändern und Kältebrücken. Kein Wunder, daß nichts an soft architecture erfunden wird, wenn der Nachwuchs in die Fußstapfen der Alten tritt.

Home-Computer und Großbüros stehen im Widerspruch. Wenn bald jeder zu Hause (gewissermaßen in der Badewanne) sein Wissen per Elektronik eingliedern kann, braucht es keine Großbüros mehr, nur noch eine Netzzentrale, von wo aus alle «Badewannen»-Stationen erreicht werden können.

Regeln der Kunst für heutige Bürobauten

Der Wärmeverbrauch ist heute wegen der hohen internen Lasten (z.B. PC) ein geringeres Problem. Es können daher auch Grundrisse mit größerer Fassadenfläche gewählt werden, damit die Tageslichtnutzung verbessert wird und die Arbeitsplätze in der Fensterzone situiert sind.

Hochisolierende Fenster sind dann von Vorteil, wenn sie in Kombination mit einer Lüftungsanlage den Einsatz von Wärmepumpensystemen mit hoher Arbeitszahl ermöglichen oder wenn Kosteneinsparungen, z.B. durch Wegfall der Radiatoren unter den Fenstern, ermöglicht werden. Ebenfalls sind sie sinnvoll bei Verglasung bis zum Boden.

Außenluftzufuhr:
Mechanische Lüftungsanlagen sparsam einsetzen. Die Anwendung im Büroräumen könnte beschränkt werden auf Fälle mit größeren Gruppenbüros, in denen bei Fensterlüftung von beiden Seiten ein Durchzug entstehen würde oder wo bei extremer Lärmbelastung oder aus Sicherheitsgründen die Fenster geschlossen bleiben müssen, oder auf Räume mit sehr hohen internen Lasten. Diese Lüftungsanlagen sollten unbedingt modular abgestellt werden können.

Die moderne Quellüftung mit ihrer natürlichen Strömungsrichtung (die Luft erwärmt sich und steigt von unten nach oben) ermöglicht wesentlich niedrigere Luftwechselzahlen als früher. Bei einem Luftwechsel von 1- bis 2fach pro Stunde kann die Wärmebelastung von einem PC pro Arbeitsplatz (im Dauerbetrieb bei diszipliniertem Abschalten bei Nichtgebrauch 5 W/m^2) ohne den Einsatz von Kühldecken abgeführt werden. Eine niedrigere erste Stufe ermöglicht es, die Anlagen lange Zeit in der ersten Stufe der Lüftung zu fahren – der Druckverlust geht dann überproportional zurück.

Raumkühlung:
Für Büroraume sollte wo möglich der Einsatz einer elektrisch betriebenen Kältemaschine für die Kühlung vermieden werden.

In erster Linie soll versucht werden, auf eine Kühlung überhaupt zu verzichten. Beispiel: Ausnutzung der Gebäudemasse für Nachtlüftung.

In zweiter Linie kann durch Einspritzen von Wasser in die Abluft und Übertragung der Kälte auf die Zuluft eine Kühlung ohne Kältemaschineneinsatz erreicht werden. Es ist auch möglich, bei gewissen Systemen die Decke direkt zu kühlen. Dies erfolgt sehr wirkungsvoll mit Wasser, das sich in der kühlen Sommernacht abkühlt und in der Decke zirkuliert. Bei extrem hoch belasteten Räumen (Betriebseinrichtungen 15 – 20 W/m^2 Dauerleistung) kann die Wärme mit Wasser über eine Kühldecke oder eventuell mit Umluftgeräten abgeführt werden. Diese können auch nachträglich im modularen System installiert werden.

Schließlich ist es von Vorteil, wenn für die Kälteverteilung zwei Netze mit verschiedenen Temperaturen vorgesehen werden, eines für Kühlung mit Außenluft (nachts) oder Wasser und eines für Kältemaschinenbetrieb mit niedrigeren Vorlauftemperaturen.

Dienstag: Schlanke Technik

Beleuchtung:
«Nacht darf Nacht sein». Dies meint ein nicht gleichmäßiges Ausleuchten der Räume und die Schaffung von Lichtinseln für verbesserten Rückzug und ungestörtes Arbeiten, aber auch als Animation zur Kommunikation. Im ersten Fall muß das Licht beruhigend, im zweiten anregend sein. Auch werden hier nicht nur Kunstlichtbeleuchtungen eingesetzt, sondern in vermehrtem Maße auch Methoden der Tageslichtnutzung.

Der Aspekt Tageslichtnutzung hat hohe Bedeutung, er wird am Mittwoch vertieft behandelt.

Beispiele für Energieverluste (Ergänzungen zum Thema «Energiegleichung»):

a) Ruhebetrieb, Betrieb außerhalb der Arbeitszeit, unnötiger Anlagenbetrieb
In solchen Fällen verwenden wir Energie, um zu dieser Zeit nicht vorhandene Bedürfnisse zu decken, z.B. das Telefax im Ruhebetrieb, der Elektroverbrauch in einem Bürobau nachts, an Wochenenden und Feiertagen, (manchmal 10–40% der wöchentlichen Betriebszeit), die künstliche Beleuchtung an einem hellen Tag, die Überheizung von Räumen bei hohen internen Lasten.

b) «Vollblutanlage» statt «nichttaugliche Lüftungsanlage»
In einem Bürogebäude wird beschlossen, den größten Teil der Büros mit einer einfachen Lüftungsanlage in zwei Stufen (1– bis 2facher Luftwechsel) zu versorgen. Da keine Kühlung vorgesehen ist, wird diese Anlage im Hochsommer abgeschaltet und erlaubt somit nur in der übrigen Zeit das Arbeiten am lärmbelasteten Ort mit geschlossenem Fenster. Einige Fachingenieure meinen, dies sei eine untaugliche Anlage und sollte so nicht gebaut werden.

Die gemessene Energiebilanz dieses Gebäudes, siehe Bild, zeigt ein überraschendes Resultat. Die Anlagen werden größtenteils in der ersten Stufe betrieben, und der Anteil Energie für die Lüftungsanlagen an der Gesamtenergiebilanz ist fast vernachlässigbar. Viel größer sind die Anteile der Beleuchtung, welche bei schlechter Disziplin der Benutzer mit mehr als vier Personen pro Raum oft nicht abgeschaltet wird, und die der sogenannten zentralen Dienste wie Kleinrechencenter, Drucker etc.

Aber noch erstaunlicher ist, daß eine Umfrage nach mehreren Jahren der Betriebszeit, ob eine Kühlung im Sommerbetrieb nachträglich einzubauen sei, als Resultat ergab, daß keine Änderung vorgenommen werden sollte.

Der Dachrand: Was wird da alles Cleveres kombiniert, um einen knappen Dachrand mit indirekten Hinterlüftungsschlitzen, flexiblen Dichtungsaufbordungen etc. für eine optische Kistenwirkung möglichst ohne Schatten hervorzubringen – mit dem Resultat, daß die ungeschützte Fassade mit einer Kaskade von technischen Hilfsmitteln, Reflektierscheiben, Lamellen, plastischen Fugendichtungen überhängt wird, Hilfsmitteln, die ebenso teuer wie elegant zur selbstverständlichen Bagage eines salonfähigen Stadthauses gehören.

Würden wir diese Stadthäuser fußgängergerecht näher aneinanderrücken und ihre Zwischenräume mit durchscheinenden, aber regenundurchlässigen Zelten überspannen (was wir an «unterentwickelten» Typologien nur abzulesen brauchen), so könnte der technische Krimskrams an Dachrändern und Fassade wegfallen und die Architektur an klaren Strukturkästen in unendlichen Proportionsvariationen sich neu ausdrücken im Wiederspiel der bewegenden Zeltschatten. Die Gläser wären einfach und durchgehend, Dichtungen könnten wegfallen und die Fugen dem leichten Zug der natürlichen Lufterneuerung dienen. Der Preis einer solchen Zeltgassen-Fassade wäre um ein 3 – 5faches niedriger als der einer offenen, heutigen Protzstraße.

83. Die Verkleinerungszigarre
wird durch Reiben kleiner und kleiner; ebenso kann sie auf dieselbe Art und Weise ihre natürliche Grösse wieder erhalten. . . . . M. —,75

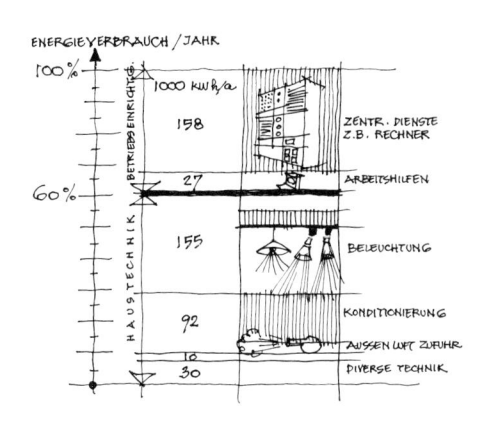

Akzente im Technikkonzept am Beispiel eines multifunktionalen Projekts[2]

Neben den einfachen Lösungen wollen wir architektonische Akzente setzen, die das Energiesparen auch ästhetisch erfaßbar machen.

Das Projekt dieses Beispiels besteht aus einem Konzertsaal, einem multifunktionalen Saal und einem Kunstmuseum. Diese drei Funktionen sind in drei Baukörpern untergebracht, deren Betrieb unabhängig voneinander erfolgen kann. Die drei Baukörper werden durch ein gemeinsames Dach zusammengefaßt. Das Objekt steht am Ufer eines Sees. In die sogenannten Gassen zwischen den Baukörpern wird Seewasser eingeführt, welches auch dazu verwendet wird, architektonische Akzente zu setzen.

Die drei Bauteile können auch mit folgenden Stichworten charakterisiert werden:
- Konzertsaal/zuhören
- Multifunktionaler Saal/wechselnde Anregungen empfangen
- Kunstmuseum/Ruhe

Diesen drei Stimmungen entsprechend basiert das Technikkonzept auf folgenden Grundideen:
- Natürliche Technik
- Dosierte Technik
- Gutmütige Technik

Im Technikkonzept gelten folgende Ziele:
- Der Wärmeenergiebedarf und der elektrische Energiebedarf sind gemeinsam zu optimieren und zu senken.
- Die technischen Systeme sollen auf die Naturelemente Wasser, Luft und Licht reagieren.
- Ein niedriger Energieverbrauch ist ohne hohe Mehrinvestitionen zu erreichen.
- Das Gesamtwerk soll mit einfachen, kostengünstigen und wirksamen Maßnahmen des Technikkonzeptes in der Wirkung verstärkt werden.
- Das Technikkonzept soll die Nutzungsvariation der drei Einzelbauteile reflektieren.
- Die gewählten technischen Lösungen sollen die Aussage der Architektur aufnehmen. Dabei sind die Energiesparmaßnahmen möglichst sichtbar zu zeigen. Im Rahmen der Energienutzung sind die Bauteile Masse, Haut und Dach sinnvoll für rationelle Energienutzung einzusetzen.

Wasser
Luft
Licht

Die natürliche Technik
wendet die Naturelemente Wasser, Luft und Licht bewußt an. Das Wasser zwischen den Objekten dient im Winter als Speicher für Wärme und im Sommer durch Befeuchtung der Abluft zur Kühlung. Für die Raumkühlung soll möglichst keine elektrische Energie verwendet werden. Um dieses System im Sommer erfaßbar zu machen, wird zusätzlich ein Übergangsklima in der Eingangszone unter dem Dach geschaffen. Punktförmige Sprühsysteme vor dem Eingang dienen im Sommer zur Kühlung.

Die Luft kann im Winter an der Südfassade vorgewärmt werden. Im Sommer ist eine Vorkühlung mit Seewasser vorgesehen.

Tageslicht wird im Kunstmuseum von oben gleichmäßig und diffus eingesetzt, es sind aber auch besondere Tageslichtakzente nach Wahl möglich. Außerdem sind Lichtbrunnen mit punktförmiger Anwendung der wechselnden Wirkungen des direkten Sonnenlichtes vorgesehen.

---

[2]EWI Ingenieure + Berater, Zürich, «Interne Unterlagen für die Generalplanung des Kunst- und Kongreßzentrums Luzern, mit Architekt Jean Nouvel, erster Entwurf des Konzeptes», 1994.

Die dosierte Technik
bedeutet, daß die starken Nutzungsvariationen berücksichtigt werden. Es sind mehrstufige Systeme und zahlreiche Fühler für die Automatisierung des Betriebes der Lüftungsanlagen geplant.

Die gutmütige Technik
meint den bewußten Einsatz der baulichen Elemente und damit eine Vereinfachung der Technik. Die Masse des Konzertsaals kann zur Reduktion der Kälteleistung eingesetzt werden, zugleich werden die Lüftungsanlagen optimiert und frühzeitig zugeschaltet.

Die Haut besteht in einer Studienvariante aus Fassade und vorgehängten Stahlblechpaneelen: Das so geschaffene Mikroklima reduziert die Wärmeverluste. Diese werden tageslichtmäßig so optimiert, daß sie die drei Funktionen Blendschutz, Beschattung und Tageslichtzuführung gemeinsam erfüllen. Dazu sind noch Versuche nötig.

Das Dach dient nicht nur als Schutz, sondern wird an bestimmten Stellen transparent gestaltet, um visuelle Akzente zu setzen.

Die Energiezufuhr erfolgt aus einer bestehenden Energiezentrale, welche konsequent Alternativenergien ausnützt:
- Wärmepumpe mit der Wärmequelle Seewasser
- Gasmotoren mit zugeordneten Generatoren zur Stromerzeugung
- automatische Holzschnitzelverbrennungsanlage zur Spitzendeckung
- eisspeichernder Kälteverdampfer und elektrische Kältemaschinen kombiniert mit Wärmepumpe
- Heizkessel zur Spitzendeckung.

Die Echokammer regelt die Akustik, die Masse die Temperatur: eine Analogie!

Die Super-Alternativzentrale

6. Die Kunst, eine Metallplatte schwimmen zu lassen.

Eine schwere Metallplatte, welche der Künstler vorher untersuchen läßt, legt derselbe auf die Oberfläche eines mit Wasser gefüllten Glases. Ungeachtet ihrer Schwere wird die Scheibe auf der Wasserfläche schwimmen. Versucht einer der Anwesenden es dem Künstler gleichzutun, so wird es ihm nicht gelingen; so wie die Scheibe auf die Wasserfläche gelegt wird, geht sie unter, während der Künstler das Kunststück öfter wiederholen kann. Komplett . . . M —,25

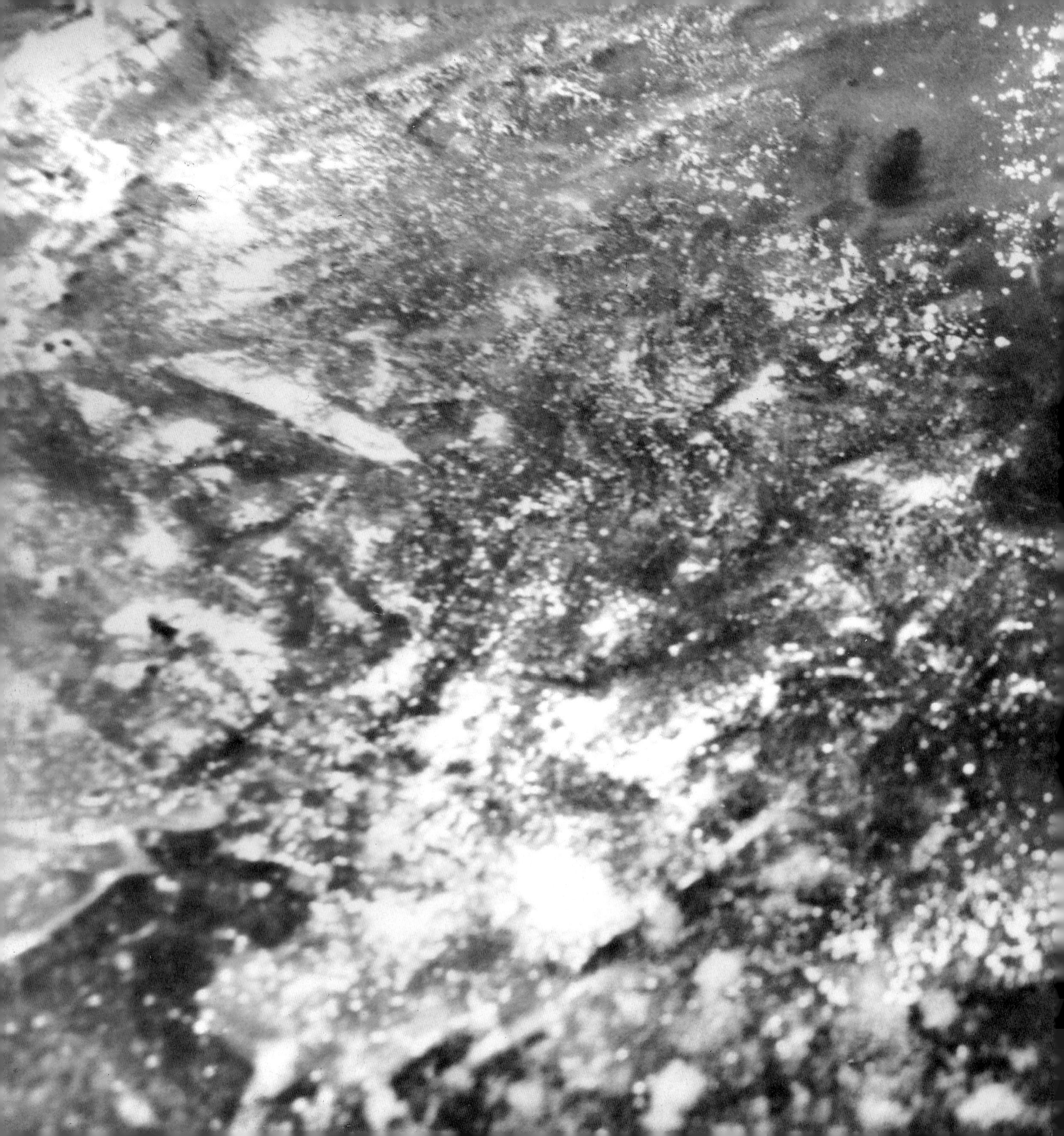

Untergang der schlanken Technik:
Wenn durch lauter Schlank werden
alles Fett
alles Liebe
weg ist, gehen wir auch
unter.

Mittwoch: Denkmodule

Wir zeigen nun die Resultate eines Brainstormings der Autoren und ihrer Teams an der Arbeitsstelle. Die Ideen sind neu oder noch nicht oft angewendet. Nicht alle sind unsere Erfindungen. Sie basieren in der skizzierten Anwendung auf Erfahrungen mit zahlreichen konventionelleren Projekten. Wir haben uns gefragt: Was sind typische Beispiele für die Anwendung der neuen Denkweise in der Bau- und Haustechnik?

Denkmodule nennen wir sich ergänzende Ideen eines integralen Systems. Ein integrales System wird gesamthaft überlegt, es sind jedoch nicht immer alle Komponenten am gleichen Ort integriert. Beispiel: Sonnenschutz am Fenster, Blendschutz am Arbeitsplatz. Wir können es uns nicht leisten, jeden Bau von Null auf neu zuerfinden. Hingegen wollen wir Module immer wieder immer besser verwenden und sie dem jeweiligen Projekt optimal anpassen. Wie der Schachspieler: Er rechnet nicht mehr so viel, wenn er ein Meister ist. Er hat tausend Bilder von Stellungen gespeichert, und er weiß konkret nur: Achtung Gefahr! Erfahrungsbilder sind Schachmodule.

Phantasie ist expandierbar
Flächenzuteilung «Wald-Waldrand-Wiese»
Einfache Systeme
Regelsystem Mensch – Bau – Technik
Tageslichtnutzung
Dritter Dialog DO–UNDO: «Wege in die Zukunft»
Weitere Denkmodule

Dies ist das neue Son-et-Lumière-Clo. Um die morgendliche Entsorgungszeit sinnvoll zu gestalten, liefert dieser Apparat links die CD-Bibliothek, rechts die Fernsehzentrale mit Notizfläche. Time ist nicht mehr money, time ist pleasure.

Phantasie ist expandierbar[1]

Phantasie hat jeder, von den Kinderträumen bis zum geriatrischen Surrealismus. Von kreativer Phantasie hingegen kann man erst sprechen, wenn die Kräfte der inneren Phantasiewelt, die eben latent immer vorhanden sind, professionell umgesetzt und dadurch genutzt werden. Die erfolgreiche Nutzung führt schließlich zur Erkenntnis der Kraft, zur Wiederholung des Einsatzes und zur Entwicklung eines systematischen Vorgehens.

Die zu den ad-hoc-Lösungen nötigen Phantasiebilder werden rechtzeitig abgerufen und pragmatisch bis zur gewünschten Blendschärfe modifiziert. Vorbedingung ist jedoch die grenzenlose Ausschöpfung der Vorstellungskraft und das vollständige Einbringen der Persönlichkeit – unter Ausschaltung von Ambitionen, Hemmungen oder ähnlicher, der Arbeit undienlicher Psychobremsen.

Phantasiebilder sind expandierbar. Man darf sie nur nie an eine Größenordnung, an eine Objektkategorie, an ein Gedankenschema nageln. Jeder Gedanke oder jede Gedankengruppe ist austauschbar und transformierbar, und nirgends sind der Phantasie Größengrenzen gesetzt. In der privaten Sammelgrube (genannt «Erinnerungsbank») liegen viele unausgesprochene, unausgelebte Ideen. Sie müssen durch – auf den ersten Blick oft sinnloses – Weiterträumen permanent ernährt werden, weil man nie weiß, wann sie in die Wirklichkeit eingeschaltet werden sollen. Sie stellen eine latente Macht dar – wie jene wohlernährten Zirkuslöwen, die faul herumliegen, bevor sie ihre Nummer drehen dürfen.

Flächenzuteilung «Wald-Waldrand-Wiese»

Dieses Konzept dient dazu, für verschiedene Tätigkeiten den jeweils besten Rahmen zu finden, also eine bessere Wohnqualität oder Arbeitsplatzqualität zu erreichen. Nicht überall ist gleich hoher Komfort nötig, so lassen sich Investitionen und Energie einsparen.

Im Büro
Wald: höchster Lärmschutz und Blendschutz für ungestörtes Arbeiten im Büro
Waldrand: anregende Atmosphäre zur Kommunikation mit Wechsel von Sonnenschein und Schatten
Wiese: höchste Flexibilität für Spiele und Gruppenarbeit Beleuchtung, Lüftung und Blendschutz sind dementsprechend anpassungsfähig.

In der Wohnung
Wald: die Zimmer im Wohnungsbereich
Wiese: die gemeinsam nutzbaren Flächen
Waldrand: er bringt das Ganze zum Funktionieren. Gemeint sind Überlappungsbereiche mit lebhafter Nutzung durch eine Gruppe von Mietern für eine Spezialfunktion (Dunkelkammer, Spielräume für Kinder und Erwachsene).

---

[1] Pierre Zoelly: «Macht der Phantasie», Engadiner Kollegium 1989

Mittwoch: Denkmodule

Die kontemplative Stimmung an einem Waldrand entspricht der Interface-Situation zwischen Einzel- und Gruppenzonen in einem Kombibüro. Dort trifft man sich, reden ist erlaubt, auch wenn es nicht zur Arbeit paßt.

Der elektronische Einmann-Arbeitsplatz kann auf die Dauer nur mit einem Gründach erträglich gemacht werden.

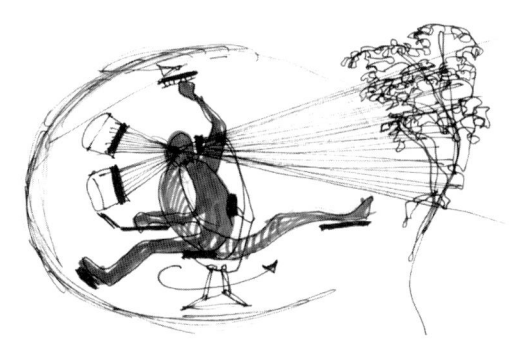

Das Cockpit des auf sich allein angewiesenen elektronisierten Arbeitsmenschen hat einen Rotationssessel, damit der Hypnotisierte regelmäßig in eine ferne oder nahe, natürliche oder künstliche Landschaft schauen und sich den Rücken entspannen kann.

Der zentrale Arbeitsbazar, der nicht vom Fensterrand profitiert, lebt vom Licht von oben, das durch eine reiche hängende Vegetation filtriert wird.

Das fröhliche Treiben, wie es eine Waldlichtung suggeriert, soll das Innere unserer Bürobauten und Schulen beleben mit allerhand Oberlichtern, Galerien und rankendem Grünzeug.

Einfache Systeme[2]

Investitionssenkung:
Verschiebung von Technikkosten auf Baukosten: z.B. Fenster mit k-Wert 1,3 W/m²K und Heiz- und Kühldecke, dafür keine Radiatoren.
Weglassen der Zwischendecke in Büros, Ausnutzung der Trägheit zur Senkung der sommerlichen Temperaturen.

Gute Energienutzung: Extrem gute Fenster, Luftheizung und Wärmepumpen mit hoher Arbeitszahl (Verhältnis Wärme zu Strom), z.B. 5 – 6.
  Alle Arbeitsplätze in der Tageslichtzone, Tageslicht-Lenksysteme nur in besonders schwierigen Situationen, z.B. untere Räume in einem Lichthof.

Gezielte Mehrinvestitionen:
Kombination von Solarzellen mit Beschattung und Lichtlenkungselementen: in Beschattungsposition Solarzellen wirksam, bei bedecktem Himmel Lichtlenkungsposition.

Weitere mögliche Akzente:
Ohrensessel und Nischen angenehm temperiert, Wärmequelle, z.B. Abwärme einer Gemeinschaftsküche (zusätzliche Kochzellen sind in der wohnungseigenen Wohnküche vorhanden), Ausnutzung der Abwärme Backen, Waschen, Trocknen. Es können auch Stellwände mit flexiblen Schläuchen angeschlossen werden zum Heizen und Kühlen (Anwendung auch in Büros). Vorteil: Raumlufttemperatur 17° bis 18°C, Flächentemperatur 22°C.

Weitere Beispiele für die Anwendung von Akzenten:
siehe Technikkonzept eines multifunktionellen Projekts, Seite 64.

Regelsystem Mensch – Bau – Technik[3]

Wir brauchen die Regelung unserer Haustechnik durch ein intelligentes, nutzungs- und energieoptimiertes System. Der Mensch hat bei der Wahl der Einstellung aber immer Vorrang.

Beispiel 1
Automatische Storenbedienung. Sie ermöglicht die korrekte Einstellung der Storen mit Tageslichtnutzung am Morgen, nach der Mittagspause und am Abend, angepaßt an den Sonnenstand. Während der Bürobesetzung erfolgen keine weiteren automatischen Storenbewegungen, die Storenbedienung geschieht manuell.
  Der Vorteil: Bei Sonnenschein brennt das Licht im Büro nicht, an bedeckten Tagen sind die Storen ganz oben, nachts erfolgt eine Nachtabdeckung zum Wärmeschutz im Winter. Im Winter haben die Storen eher Tageslichtpriorität, im Sommer oder bei höheren Strahlungswerten eher Beschattungspriorität.

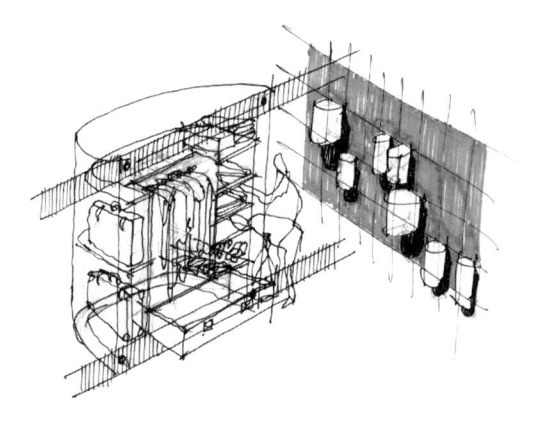

Dort, wo Isolationsschichten erwünscht sind, d.h. an der Außenhaut, kommen Kleidererker zur Anwendung, denn die Wolle der Jacken und das Leder der Koffer und der Schuhe bilden ein natürlich anfallendes Isolationsmaterial.

Energiesparen ist bequemer als Energieverschwenden.

[2+3] EWI Ingenieure + Berater, Zürich, «Interne Arbeitsunterlagen», 1994

Fenster öffnen, Storen herunterlassen und ausstellen, Türen öffnen und schließen, Treppen steigen, Heiz- und Lüftungsaggregate von Hand bedienen, Lampen anzünden und löschen, Möbel verschieben, Pullover je nach Temperatur an- und ausziehen waren ganz natürliche (und gesunde) Tätigkeiten. Sie werden es wieder werden. Der Mensch ist glücklicherweise nicht automatisierbar.

Wie schön sind jene Häuser fremder Kulturen, wo man eine papierne Wand zurückschiebt, um dem Fallen von Schneeflocken zuzuschauen, oder ein Fell zurückschiebt, um sich vom Schneesturm zum warmen Herd zurück zu flüchten. Wie schön war doch jene nächtliche Paßfahrt im offenen Militärjeep, der sich mit seinem Vierradantrieb und Geländegang durch die wegen Schneetreibens geschlossene Straße hinauffräste. Wie schön war doch die Nacht im kleinen Haus, auf dessen dünnem Dach der Regen trommelte.

Wie schön auch die Stunde, die man im Platzregen unter einem riesigen Baum trocken verbringen durfte.

Wehret den Anfängen der Automation, jenes einschläfernden Duvets des Geistes!

Vereinfacht gesagt sollte in Außenbüros
- an einem Sommertag (Himmel blau oder bedeckt) das Kunstlicht ausgeschaltet sein;
- am 21.3. zwischen 10.00 und 15.00 Uhr das Kunstlicht ausgeschaltet sein (bei gleichen Bedingungen);
- am 21.12. kann das Kunstlicht den ganzen Tag eingeschaltet sein.

Beispiel 2
Schwach dimensionierte Anlagen, die bei Fehlbedienung die Komfortbedingungen nicht mehr einhalten, wie etwa ein niedriger Heizungsvorlauf, der bei länger geöffnetem Fenster die Raumlufttemperatur nicht mehr halten kann.

Beispiel 3
Künstliche Beleuchtung sollte nicht mit Hilfe moderner Regelsysteme immer beim gleichen Einschaltpegel eingeschaltet und auf einem Niveau konstant gehalten werden: Der Mensch ist auf Variationen des natürlichen Lichtes programmiert.
  Der Einschaltpegel kann je nach Tageszeit (z.B. abends) und Wettersituation (trüb) zwischen 250 und 350 Lux, die künstliche Beleuchtung zwischen 500 und 250 Lux pendeln.

Beispiel 4
Komfortabo: Per Telefon können höhere oder niedrigere Komfortbedingungen programmiert werden, z.B. +/− 100 Lux bei der Beleuchtung. Das Gleiche ist auch mit Temperatur (Sommer, Winter) möglich. Kopplung des Komfortabos mit Energieabrechnungssystem. Bei höheren Komfortanforderungen werden höhere Energiekosten verrechnet. Der Verlauf der Raumtemperaturen ist vorprogrammiert. Der Benutzer kann jedoch das Niveau um 1° bis 2°C verschieben.

Beispiel 5
Neben zeitlichen Veränderungen sind auch örtliche sinnvoll, etwa Lichtinseln mit Kunstlicht als Anziehungspunkte beim Verkauf. Anstelle von hohen Werten überall setzen gezielt angeordnete Beleuchtungen mit höheren Luxwerten als in der unmittelbaren Umgebung räumliche Akzente.

Tageslichtnutzung[4]

Die Tageslichtnutzung bietet Möglichkeiten für vielfältige und kreative Lösungen. Dabei sollte die Tageslichtnutzung in die Architektur integriert und mit einfachen Systemen eine angenehme Raumatmosphäre geschaffen werden. Sinnvolle Tageslichtnutzung erhöht die Arbeitsplatzqualität und senkt den Stromverbrauch. Denn auch ohne teure technische Maßnahmen kann – je nach Jahreszeit zumindest stundenweise – auf das Einschalten des Kunstlichtes verzichtet werden.
  Dazu ein paar Regeln: Für Bürobauten gilt als Zielsetzung eine Einschaltzeit von weniger als 30%, bezogen auf die Nutzungszeit der Büros oder auf max. ca. 750 Stunden pro Jahr in den Büroräumen.
  Diese Werte sind aus den Richtlinien der Schweizerischen Lichttechnischen Gesellschaft (SLG) abgeleitet und gelten für sehr helle Räume mit 3% Tageslichtquotient in 4 Meter Abstand vom Fenster. Einschaltung der künstlichen Beleuchtung bei 400 Lux.
  Bei der Beleuchtung gelten zwei Ziele: hohe Beleuchtungsqualität und damit ebenfalls Arbeitsplatzqualität sowie möglichst rationale Energieverwendung.

---
[4]Diane Projekt Tageslichtnutzung, «Interne Arbeitsunterlagen», Bundesamt für Energiewirtschaft, im Rahmen Energie 2000 Schweiz, 1994

Dieses Ziel kann erreicht werden durch
- intensive Tageslichtnutzung
- Einsatz optimaler Lampen (Lichtquellen) und Beleuchtungssysteme
- automatische Schalt- und Regelsysteme
- integrale Planung.

Die integrale Planung bedeutet eine intensive Zusammenarbeit von Bauherrn, Benutzer, Architekt und Ingenieur, wobei der Energiebedarf gesamthaft (Elektro- und Wärmeenergiebedarf) optimiert wird.

Tageslicht und Beschattung, Blendschutz und Kunstlicht:
Lichtleitende Storen mit offener Stellung oben sind für EDV-Arbeit gut geeignet. Unten bieten sie guten Blendschutz und haben trotzdem eine helle Decke.

Individuelle Blendschutzeinheiten für Fenster. Möglichst den oberen Teil des Fensters frei lassen.

Vertikale Lamellen etwas heruntergehängt, um den oberen Teil des Fensters für Tageslichtnutzung frei zu lassen.

Bei EDV-Geräten können helle Fenster auch bei bedecktem Tag ein Blendungsproblem verursachen. Anstelle eines Blendschutzes am Fenster lassen sich Pflanzen oder eine grün-transparente Stellwand unmittelbar beim EDV-Gerät verwenden.

Blendschutzvorrichtungen, die von unten nach oben fahrbar sind, verbessern die Tageslichtnutzung.

Raumatmosphäre:
Gutes Tageslicht schafft Raumatmosphäre:
- im Büro für Konzentration und für Rückzug
- im Kommunikationsbereich sollten Tageslicht-Lichtinseln zum Verweilen animieren
- im flexiblen, allgemeinen Bereich sind Akzente, Anziehungspunkte, mit dem Spiel von Licht und Schatten wünschbar.

In tageslichtmäßig kritischen Räumen kann mit besonderen Tageslichtsystemen, z.B. mit Lichtlenkelementen an den Fassaden oder mit Reflektoren an der Decke, eine Verbesserung erreicht werden.

Musterraum:
Im DIANE Musterraum wurde im Vergeich zum Referenzraum durch die Summierung von einfachen und logischen Maßnahmen eine Verbesserung um den Faktor 3 erreicht.[5]

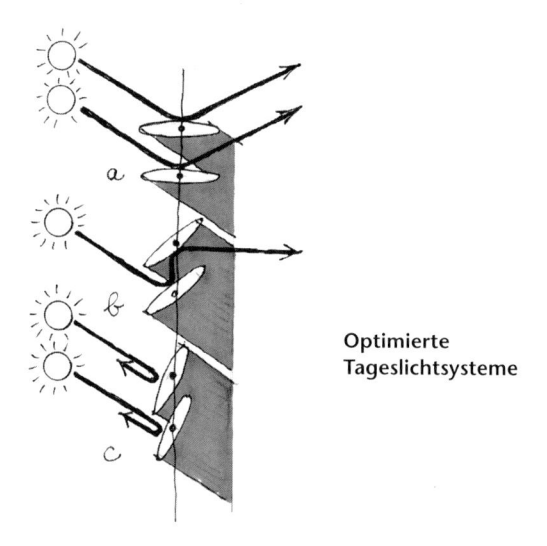

Optimierte Tageslichtsysteme

Reflektierende Sonnenblend-Lamellen
a) In Horizontalstellung geben sie wenig Schatten und senden Licht an die Decke.
b) In 45°-Stellung geben sie mehr Schatten und senden noch Licht in den Raum.
c) In steiler Schrägstellung reflektieren sie das Licht nur nach außen (möglichst vermeiden).

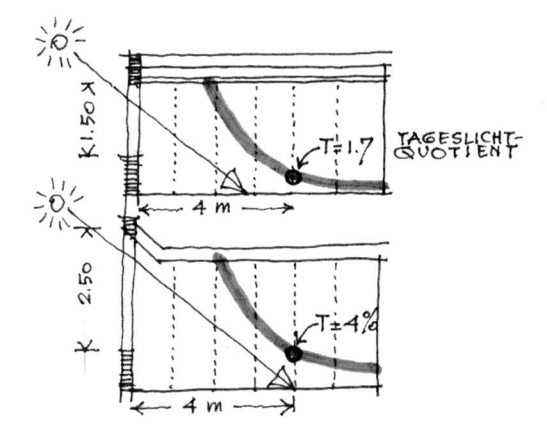

Die einfachen Maßnahmen sind: Eine Raumhöhe von 3m statt 2,6 m, etwas hellere Farben, viel höhere Fenster (durch Anschrägung bis unter die Brüstung des oberen Stockwerkes).

---

[5] Diane Projekt Tageslichtnutzung, «Interne Arbeitsunterlagen», Bundesamt für Energiewirtschaft, im Rahmen Energie 2000 Schweiz, 1994

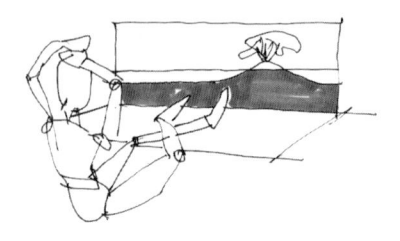

Ein breiter Ausblick beeinflußt den Denkhorizont.

Nicht vergessen:
Brille und Birke sind unser natürlicher Blendschutz!

Bewegliche Außenspiegel auf Kämpfer- und Brüstungshöhe verwandeln Sonnenlicht in Deckenlicht. Der waagrechte Ausblick bleibt frei.

Zehn Leitsätze für die Tageslichtnutzung:

1. Mehr Tageslicht
Viel Licht in das Gebäude einleiten.
An einem bedeckten Tag ist die Außenhelligkeit im Vertikalen dreimal größer als im Horizontalen. Hohe Räume, die eventuell auch durch Entfernen der abgehängten Decke und Heraufschieben des Fenstersturzes geschaffen werden können, erhöhen den Tageslichtquotienten wesentlich.

2. Arbeitsplätze in der Tageslichtzone
Ein möglichst großer Anteil der Arbeitsplätze soll in der Tageslichtzone (4 Meter vom Fenster) liegen.
Eventuell größerer Anteil Fassade im Verhältnis zum Gebäudevolumen, als aus einer optimierten Wärmebedarfsberechnung heraus resultieren würde. Gesamtenergieoptimierung für Strom und Wärme durchführen.

3. Gute Lichtverteilung
Nicht nur die Tageslichtmenge, sondern auch die Tageslichtqualität erhöhen.
Bei einseitiger Beleuchtung möglichst flache Lichtverteilung. Licht tiefer in die Räume leiten. Wenn möglich auch zweiseitige Beleuchtungssituationen schaffen, z.B. Lichthöfe, Oberlichter, Fenster auf zwei Seiten. Blendungseffekte beachten. Durch Reflexion und Brechung an den Wänden weiches Licht erzielen. Helle Böden, helle Wände und helle Decken tragen wesentlich zur Tageslichtnutzung bei.

4. Beschattungs- und Blendungssysteme mit Tageslichtnutzung
Direkten Sonnenschein an den Arbeitsplätzen im Sommer vermeiden. Beschattung so verwenden, daß der Kühlbedarf und die Blendung berücksichtigt werden. Und darauf achten, daß wegen der Beschattung das Licht nicht eingeschaltet werden muß. Den Sichtkontakt mit der Außenwelt erhalten, damit ein Erleben der Umwelt und der veränderlichen Witterungsverhältnisse möglich ist. Individuell bedienbarer Blendschutz soll einen guten Kompromiß zwischen Blendung und Tageslichtnutzung ermöglichen.

5. Natürliche und künstliche Beleuchtung integrieren
Die Kunstlicht- und Tageslichtführung müssen aufeinander abgestimmt sein. Ein Unterschied zwischen Tageslicht und Kunstlicht sollte jedoch feststellbar sein.

6. Tageslichtoptimierte Regelsysteme für Beschattung und Beleuchtung
Von Tageslichtnutzung kann nur die Rede sein, wenn das Kunstlicht bei genügender Innenbeleuchtungsstärke auch wirklich ausgeschaltet wird. Eine aufeinander abgestimmte Steuerung der Beschattung und der Beleuchtung nach Außenverhältnissen und Jahreszeit (Sommer/Winter, verschiedene Bedingungen bezüglich Kühllast) ermöglicht genügend Beschattung und optimale Tageslichtnutzung.

7. Vereinfachung der Systeme
Bei Verwendung von Tageslichtelementen sind heute übliche Komponenten angepaßt zu verwenden. Die Tageslichtnutzung muß nicht immer zu einem großen Mehrpreis gekauft werden.

8. Betriebsfreundliche Nutzung
Komplizierte Systeme sind meist nicht sehr benutzerfreundlich. Etwaige Bedienungsfehler müssen korrigierbar sein. Kosten für Unterhalt überlegen.

9. Integrale Energiebetrachtung
Den Energieverbrauch für Beleuchtung, Außenluftzufuhr, Raumkonditionierung und Heizung insgesamt minimieren. Der elektrische Energie- und Wärmeverbrauch soll nicht 1:1 addiert, sondern unter dem Aspekt der Energiepreise betrachtet werden.

10. Maßnahmen für bessere Arbeitsplatzqualität ergreifen
Um eine angenehme Raumatmosphäre zu schaffen, müssen Mitarbeiter in neu geplanten Räumen immer wieder nach ihren Erfahrungen befragt werden.

Vertikale Blickausschnitte in den Gängen fördern die Kommunikation.

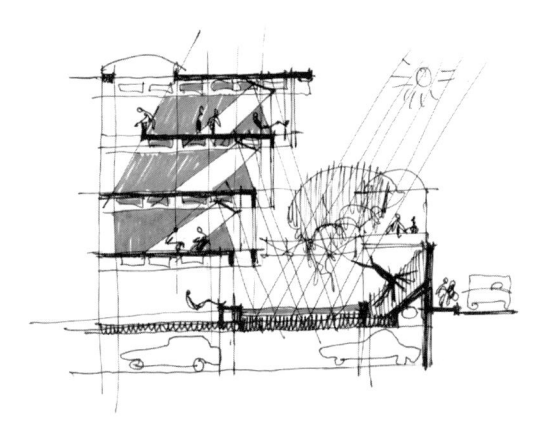

Durch Vorkragung jedes Geschosses gewinnt man Bodenlichtbänder, über die lebendiges Licht von Spiegelbassins auf die Decken und von dort über Spiegel in die hinteren Raumzonen projiziert wird.

Den vom vibrierenden Blaulicht des Bildschirms strapazierten Augen muß ein Ausblick ins Grüne und Ferne geboten werden.

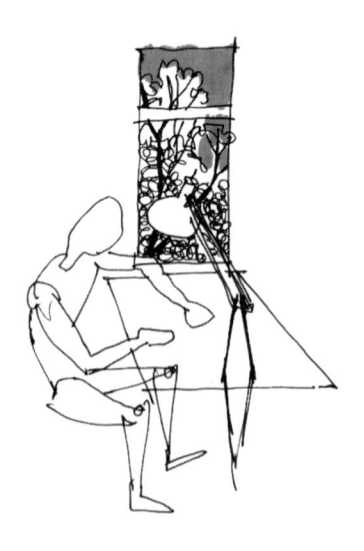

Natürliches Seitenlicht mit Grünfilter ist immer noch das Beste für die traditionelle Arbeit am Tisch.

Umbauten:

Bei Neubauten sollte die Tageslichtnutzung von vornherein mit eingeplant werden. Aber auch bei Umbauten läßt sie sich stark verbessern. Dazu einige Maßnahmen: lichtleitende Storen, integrierte Storen-Beleuchtungssteuerung und eventuell Sanierung der Beleuchtung, helle Farben, Entfernen der abgehängten Decke, besserer Blendschutz, Umstellung der EDV-Arbeitsplätze. In vielen Fällen ist die Schaffung von Tageslichtsituationen (z.B. in Einkaufszentren) das Hauptmotiv für einen Umbau!

Einige typische Fehler bei der Tageslichtnutzung:

- In vielen Gebäuden ist die Tageslichtnutzung gut gelöst, es treten jedoch Probleme mit der Blendung oder Beschattung oder mit dem Sichtkontakt von außen auf.

- In manchen Fällen wurden Tageslichtkomponenten in einer Kombination verwendet, in der sie sich eigentlich gegenseitig ausschließen oder zumindest sehr teuer und bedienungsfeindlich sind. Beispiel: Lichtbalken und Beschattung des Fensters über dem Lichtbalken durch Prismensysteme. In diesem Fall können die Prismensysteme die erhoffte Beschattungswirkung nicht erzielen, da der Strahlungseinfall künstlich geändert worden ist.

Sunlighting im Winter, Daylighting im Sommer
In der amerikanischen Praxis ist der Begriff «Sunlighting» üblich. Man nutzt die direkte Sonneneinstrahlung und führt die in den Raum tief eingestrahlte Wärme über die Klimatisierung ab. In Europa wird eher ein «Daylighting» verwendet, welches an bedeckten Tagen funktionieren muß und nicht so tief wirksam ist. Messungen über ein Jahr in benutzten Büros zeigen, daß eine Kombination dieser zwei Technologien sinnvoll ist. Bewegliche Lichtbalken, aber auch lichtleitende Lamellen-Storen (welche im oberen Teil horizontal gestellt werden können) sind so einstellbar, daß sie bei kaltem Wetter (Winter, Übergangszeit, Teile des Sommers) mit Tageslichtpriorität, an heißen Tagen dagegen mit Beschattungspriorität funktionieren. Somit kann ein Teil des direkten Sonnenanteils ohne Klimatisierung, ohne Wärmeabfuhr und ohne unerwünschte Raumtemperaturerhöhungen benutzt werden.

Es entstehen kostengünstige und benutzerfreundliche Lösungen, wenn wenig Technik und eine tageslichtmäßig gute Architektur für den Großteil der normalen Räume vorgesehen werden. Besonders kritische Räume müssen mit Tageslichtsystemen ergänzt werden.

Mittwoch: Denkmodule

Erst der schräg einfallende Sonnenschein erweckt die Struktur zum Leben: Abbaye de Fontevraud.

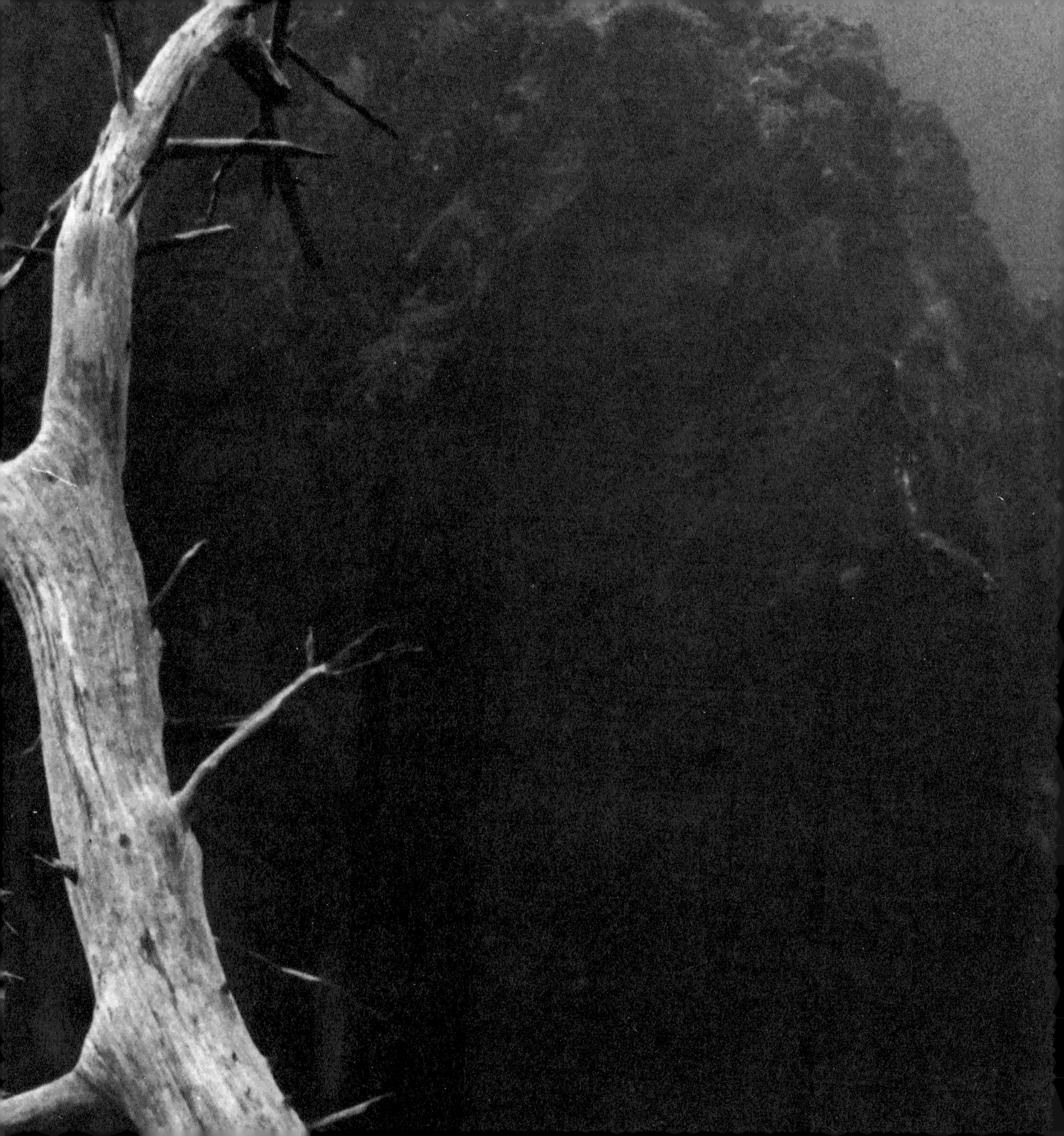

Die Zusammensetzung der Teile,
die Konzentration auf einzelnes
– darauf kommt es uns an.

Die Konzentration auf einen Ton:
Diesen einmal richtig erleben,
dann mit anderen Tönen untermalen,
herausheben, heraushören immer wieder
immer tiefer eindringend,
bis wir die Welt darin erleben.
Die Klangfarbe, die Länge, die Pausen,
die Lautstärke, den Rhythmus,
auch den Geruch.

In der Vertiefung des Problems so lange suchen,
bis die Lösung
einfach und selbstverständlich ist.

Dritter Dialog DO–UNDO: «Wege in die Zukunft»
(Ein Vorgriff auf Freitag)

Fragedik: «Ich habe mich mit der Frage beschäftigt, ob es ein Auswahlverfahren gibt, um zu entscheiden, welche der sich spielerisch ergebenden Visionen oder Ideenbruchstücke den richtigen Weg weisen. Dabei habe ich entdeckt, daß es drei Arten von Signalen dafür gibt.

Körperliche wie ein kribbliges Gefühl im Bauch, das dann konsequent in eine Handlung umgesetzt wird. Die äußeren Einflüsse sind Sachzwänge, die Anziehungskräfte sind die Visionen.

Andere Menschen reagieren eher visuell, z.B. der Fotograf, der bei der Entwicklung des Fotos schon im allerersten Moment fühlt, sobald die ersten Konturen da sind, ob es ein gutes Bild wird (Methode Mondschein).

Wieder andere hören in solchen Momenten die Ohren klingeln.

Am besten findet man durch Erfahrungen heraus, welcher Typ man ist, und reagiert dann sofort auf diese bekannten Signale.»

Körpersignale • Sehen • Hören

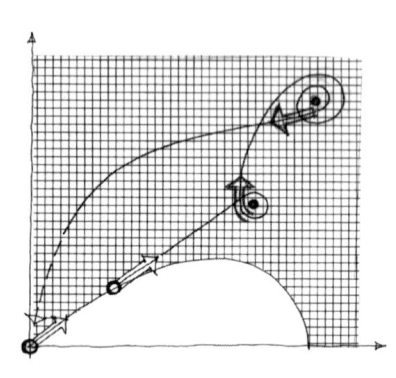

Fragenix: «Ich will weiter kommen, als nur Signale wahrnehmen.»

Er liest vor aus einer Dissertation über «Ballistik und Bauen».
«Es ist weltraumtechnisch und durch ballistische Versuche gezeigt worden, daß kleine, bewußte Steuerimpulse der Rakete und die Ausnutzung der Anziehungskraft der Sterne (aber auch die freie Wahl, diese Bahn wieder zu verlassen) weitere Reisen ermöglicht als ein einmaliger, starker und kräftiger Startimpuls. Es ist wissenschaftlich, technisch und baulich demonstriert worden, daß dieses Verfahren der warmen und weichen Sensoren weiterführen kann als kaltes, hartes Handeln.»

Ein Design mit starkem Formwillen ist sowohl nützlich als auch gefährlich. Auf der Positivseite stehen Inspiration, Freude, Visionen und Ideen für Beschauer und Benützer. Auf der Negativseite lauert das Korsett, die Tatsache, daß eine starke Form (und ein stark technisierter Apparat) eben auch formen, d.h. einengen und dirigieren kann. Gesucht also ist Design mit eingebauter Flexibilität, Variabilität, Expandibilität...

Fragenix fährt fort:
«Dabei sind wir nun beim Bauen angelangt. Ich will Visionen verwenden, um Open-end-Bauten zu planen.

In Bau und Technik möchte ich eine Stufe weiterkommen als die bisherige harte Planung. Diese Planung errichtet intelligente, fertig gedachte und fertig erstellte Systeme. In vielen Fällen aber sind es Dead-end-Bauten.»

Fragedik: «Dead-end- oder Open-end-Bauten? Dies ist eine wichtige Frage. Selbst ein genialer Architekt kann einen Bau entwerfen, welcher durch seine Perfektion für den Benutzer zum Korsett wird. Gar nicht zu reden von schlechten, billigen Zweckbauten. Aber wie erkenne ich, ob ich in die Falle der Dead-end-Bauten geraten bin?»

Fragenix: «Faul sein dürfen deutet eher auf Open-end, Perfektion eher auf Deadend hin. Aber Spaß beiseite.»

Er liest weiter vor aus der Dissertation.
«Bei Großbauten ist die Planungs- und Bauzeit so lang, daß diese bei der Inbetriebnahme schon veraltet sind. Hier ist mit modularen Systemen eine schnellere Anpassung möglich. Und mit Grundausbau, Mieterausbau und dem Mut: bei Bezug ist der Bau noch nicht ‹fertig›.

In einem Bürobau beträgt die Lebensdauer der Personal-Computer 3–5 Jahre, die Organisation der Firma 5–8 Jahre, die des Innenausbaus 10–15 Jahre, die der Technik 15–20 Jahre. Die Bauhülle jedoch hat eine Lebensdauer von 50–100 Jahren. Auch hier gehört es zu einem gutmütigen Gebäude, daß Anpassungen an alle diese Aspekte schnell und ohne großen Aufwand und ohne große Betriebsstörungen möglich sind.»

Fragedik: «Open-end-Bauten bestehen aus Visionen, aus einfachen und bewährten Komponenten, benutzerfreundlichen Systemen, die einem energiesparenden Konzept folgen und ihre Grundidee, die Vision, in Form visueller Akzente auch sichtbar machen. Der Wandel ist eingeplant, der Planer bleibt in den ersten Betriebsjahren dabei (eine neue Teilleistung).

Im Gegensatz zur ‹harten Planung› mit zu 100% zu erreichenden Zielsetzungen sind wir hier von Visionen angezogen, an die wir uns anzunähern versuchen, wohlwissend, daß heute viel weniger als 100% (morgen in einem anderen Bau wieder etwas mehr) zu verwirklichen sind.»
Er hört ganz erschöpft auf und fragt:

«Wem sollen all diese Visionen dienen, ist da nicht ein Mißbrauch vorprogrammiert?»

Warum ist das Lexikon (siehe Samstag) so komisch?
Warum sind die Visionen so frisch?
Wieviel Prozent davon kann nächste Woche realisiert werden?
Welches ist die einzige Frage, die Fragenix in dieser Dialogserie stellt, wo ist die Antwort?
Stay tuned, see us again next week!

Eine Vision kann auch ganz klein sein:
eine Art zu sitzen
eine Art, einen Ausblick einzufangen
eine Art, den Regen einzufangen.

Ein Visionär ist frei von vorgefaßten Meinungen oder von dem, was man auf Englisch «conditioned behavior» nennt. Er braucht nicht Philosoph zu sein.

Bemerkung der Autoren: Auch wir wollen diese Methode anwenden. Wir wollen, anstatt mit immer mehr Kraft immer schneller unser gestecktes Ziel zu erreichen, eine Weltraumreise antreten. Wir wollen Visionen haben, die Freiheit, uns angezogen zu fühlen, aber auch weiterreisen zu können. Wir möchten bei der Rückkehr etwas Einmaliges erlebt und im Weltraum eine kleine Veränderung, eine kleine Spur hinterlassen haben. Wir möchten neben Bau und Technik auch einmal in einem anderen Bereich etwas Einmaliges entstehen lassen.

Weitere Denkmodule

1. Erzeugung, Speicher, Regelung (interner Wärmetransport, Nutzung der Masse):
- Wärmetransport von Südseite zu Nordseite: Mit Ventilatoren, z.B. beim Wintergarten. Andere Möglichkeit: Auf der Südseite eine Heizdecke mit 21°C Vorlauf, 26°C Rücklauf, der Raum selbst hat 24–26°C. Auf der Nordseite wird der Vorlauf von 26°C wieder auf 21°C abgekühlt. Der Raum selbst hat 20°C Temperatur.
- Konzentration von Wärmeerzeugern wie Drucker, größere Rechner in einigen Räumen (Wärmebox) und direkte Wärmeausnutzung ohne Wärmepumpen über Luft-Luft-Wärmetauscher.
- Speicher unter dem Fenster in der Brüstung mit Wasserleitungen. Entladung des Speichers mit Wärmenutzung auf der Nordseite, z.B. temperierte Nischen. Das System ist auch mit einem Cheminée als Kombination möglich.
- Bei einem Teich in der Nähe des Objektes (Umgebungsgestaltung, Tageslichtnutzung, Rückkühlung) kann ein Sprühbrunnen anstelle eines Kühlturmes zur Rückkühlung des Kältenetzes verwendet werden.

Tagesgang-Ausgleich

2. Kombinierte Heizung und Kühlung in Büroräumen (die gleichen Komponenten auf zwei Arten verwenden):
Wassersystem: Es wird ein extrem gutes Fenster, k = 1,3 W/m²K, verwendet und auf Radiatoren verzichtet. Eine Kapillardecke (Plastikröhre unter dem Verputz) dient im Winter zur Heizung, im Sommer zur Kühlung. Da die Vorlauftemperatur sehr niedrig gehalten ist (max. 30°C), lassen sich unangenehme Strahlungseffekte im Winter vermeiden. Im Sommer beträgt die Kühlwassertemperatur ca. 22°C. Die Kühlung erfolgt nachts mit kühler Nachtluft, indirekt über Wasser. Die Masse der Decke sorgt dafür, daß bei kleineren inneren Wärmelasten im Raum die Kühlung auch tagsüber genügt, ohne daß die Kältemaschine eingeschaltet werden muß.

Luftsystem: Im Winter wird temperierte Luft durch Kanäle im Boden geführt. Fenster mit gutem k-Wert und die niedrige Vorlauftemperatur für diese Luftheizung erlauben den Einsatz einer Wärmepumpe mit Arbeitszahlen von 5 – 6. Im Sommer kann eine Nachtkühlung mit dem gleichen System erfolgen.

3. Modulare Lüftung und Kälteabfuhr, Bürogebäude:
Die Lüftungssysteme in Bürogebäuden sollten in Einheiten von maximal 50 Arbeitsplätzen unterteilt werden. Die Luftmenge beträgt ca. 30 – 50 m³ pro Stunde und Person. Zweistufige Anlagen, Betrieb möglichst in der unteren Stufe (Druckverlust extrem stark reduziert).
   Für Kälteabfuhr zusätzlich zum System Kapillardecke (ohne Kältemaschine), ein zweites Netz mit niedriger Kaltwassertemperatur für Fälle mit besonders hoher interner Last und eine Kältemaschine vorsehen.
   Variante: Kleine Kältemaschinen im Raum. Statt Kältenetz (z.B. 10–16°C) ein Wärmeabfuhrnetz zur Rückkühlung der Kältemaschine mit 25–35°C. Wärmeverluste sind wesentlich reduziert. Kälteverteilung ebenfalls nach Einheiten von 50 Arbeitsplätzen unterteilen (Abstellmöglichkeit, Reduktion der Wärmeverluste).

Mittwoch: Denkmodule

Variable Küche:
Die Küche übt nach wie vor ihre Magnetwirkung aus: Sie bietet psychologische Wärme für die Alte im Rollstuhl, eine Bar für die Quick-Esser, einen Flügel für spontane Kompositionen, einen Fernseher für neu-biologische Menüs, eine Plattform für die neugierigen Kinder.

4. Variable Küchen:
Küchen können in Wohnküchen umgewandelt werden, eventuell auch Badezimmer in Wohnbadezimmer.

5. Variable Fenster:
Fenster sollen variabel behandelt werden: Blendschutz, Nachtabdeckung. Ein variabler k-Wert für die Brüstung ist hingegen kaum sinnvoll.
Weitere Anregungen zum Thema:

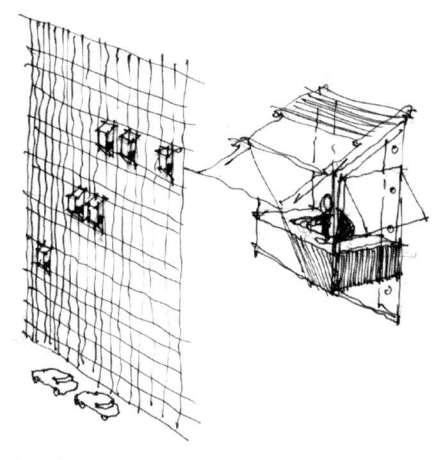

Arbeitserker:
Sie geben einem extrovertiert veranlagten Büroarbeiter die Möglichkeit, von seinem Tisch auf die Straße zu schauen und sein Luft- und Schatten-Klima selber zu wählen. Sie können an beliebigen Orten angeschraubt werden.

85

6. Dreistufensysteme:
Statt eines Bereitschaftssystems mit relativ hohen Verlusten setzen wir auf ein echtes Sleep-System mit wenig bis null Energieverlust.
Der Wirkungsgrad der Anlage muß auf die Grundlast optimiert sein, in vielen Fällen erbringt sie während 80% der Zeit 20% der Leistung. Für die Spitzendeckung können dann billigere Einheiten mit etwas schlechterem Wirkungsgrad verwendet werden.
Als Beispiel kann eine abschaltbare Kältenetzverteilung im Bürogebäude dienen: Die Grundlast wird mit Kapillardecke ohne Kältemaschine bewältigt, die Spitze mit einer Kältemaschine und einer zusätzlichen Kühldecke.
Weitere Dreistufensysteme sind: Allgemeinbeleuchtung 100 Lux im Büro, Stehlampen für Arbeitsplatzbeleuchtung mit Direkt-/Indirektanteil (gesamte installierte Leistung 5 W/m^2).
Beispiele für Sleep-Schaltungen: ein Faxgerät, das bei Anruf geweckt wird, Video- und Fernsehanlagen in der Wohnung, die abgestellt sind statt in Bereitschaft. Ebenso könnten auch PCs mit automatischer Abschaltung und Schnellstart ausgestattet werden.

7. Gekoppelte Erzeugung von Strom und Wärme (drei Möglichkeiten):
a) Blockheizkraftwerk
Wärmekraftkopplung mit Blockheizkraftwerk (Motor und Generator)

b) Tandem-Anlage
Blockheizkraftwerk und Wärmepumpe werden kombiniert. Der Wirkungsgrad beträgt 2,1 bei einer Arbeitszahl der Wärmepumpe von 5. Voraussetzung ist eine hohe Wärmequellentemperatur, z.B. durch einen See oder Wärmepfähle (wenn Grundwasser vorhanden ist), und eine extrem niedrige Vorlauftemperatur (z.B. Luftheizung mit 25 – 30°C).

c) CO_2-Blackbox
Blockheizkraftwerk, wobei ca. 50% der elektrischen Energie in Wärmepumpen umgewandelt wird. Die Wärmepumpen müssen nicht alle an einem Ort stehen. Reine Blockheizkraftwerke ziehen eine erhöhte CO_2-Produktion wegen der Stromerzeugung nach sich. Dieses CO_2-Blackbox-System hat eine reduzierte CO_2-Produktion im Vergleich zur gewöhnlichen Heizung, jedoch einen höheren Wirkungsgrad (1,35 bei einer Arbeitszahl von 5 und zusätzlich noch 15% Strom).
Sinnvoll sind Einheiten von ca. 100 – 200 kWe (Gasmotor + Generator).
Wenn für den Betrieb die Städtischen Werke sorgen, können sie die Wärmepumpen in bestgeeignete Objekte legen. Die Wärmekraftkopplung wird optimal bei größeren Schwerpunktobjekten eingesetzt.
Es sind auch für alle drei Möglichkeiten Nahwärmesysteme mit 2 – 5 naheliegenden, mittelgroßen Objekten möglich und wünschbar.

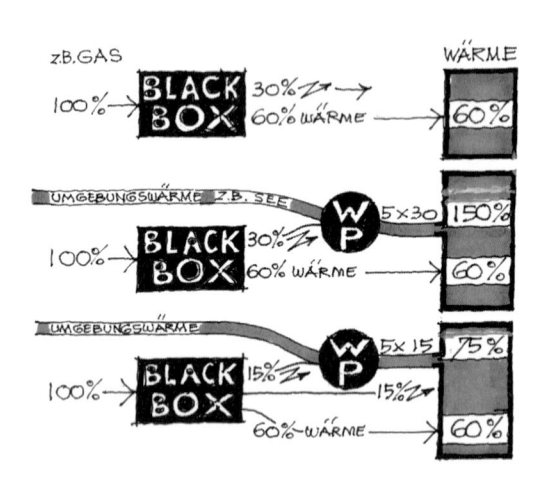

- Motor und Generator
- Tandem-Anlage (Blockheizkraftwerk und Wärmepumpe)
- Blackbox für CO_2-Reduktion
  (Blockheizkraftwerk und kleinere Wärmepumpe)

8. Gekoppelte Nutzung von Wärme:

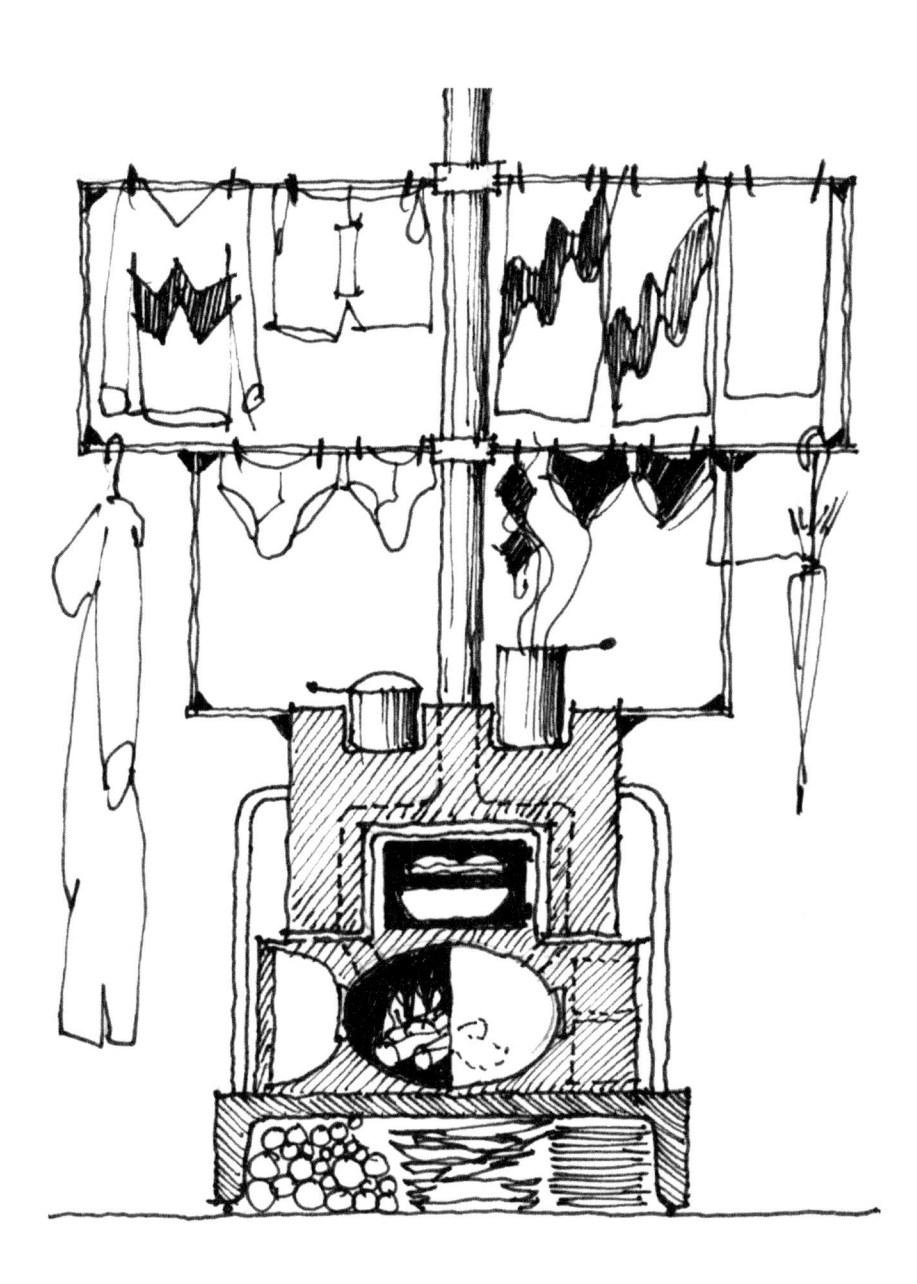

Das sparsame Modell für dezentralisierte Wärme einer Wohnung sei hier (von unten nach oben) vorgestellt: Lager von Kleinholz, Karton und Zeitungen; Cheminée mit Glasfenster und seitlichen Wärmekojen; Backofen; Kochflächen; Hängerahmen für Unterwäsche, Regenmantel und -schirm; Hängerahmen für Mittelwäsche; Abzug. Es heißt NIXOMATIC, weil es aus der Zeit der Watergate-Abhörgeräte stammt.

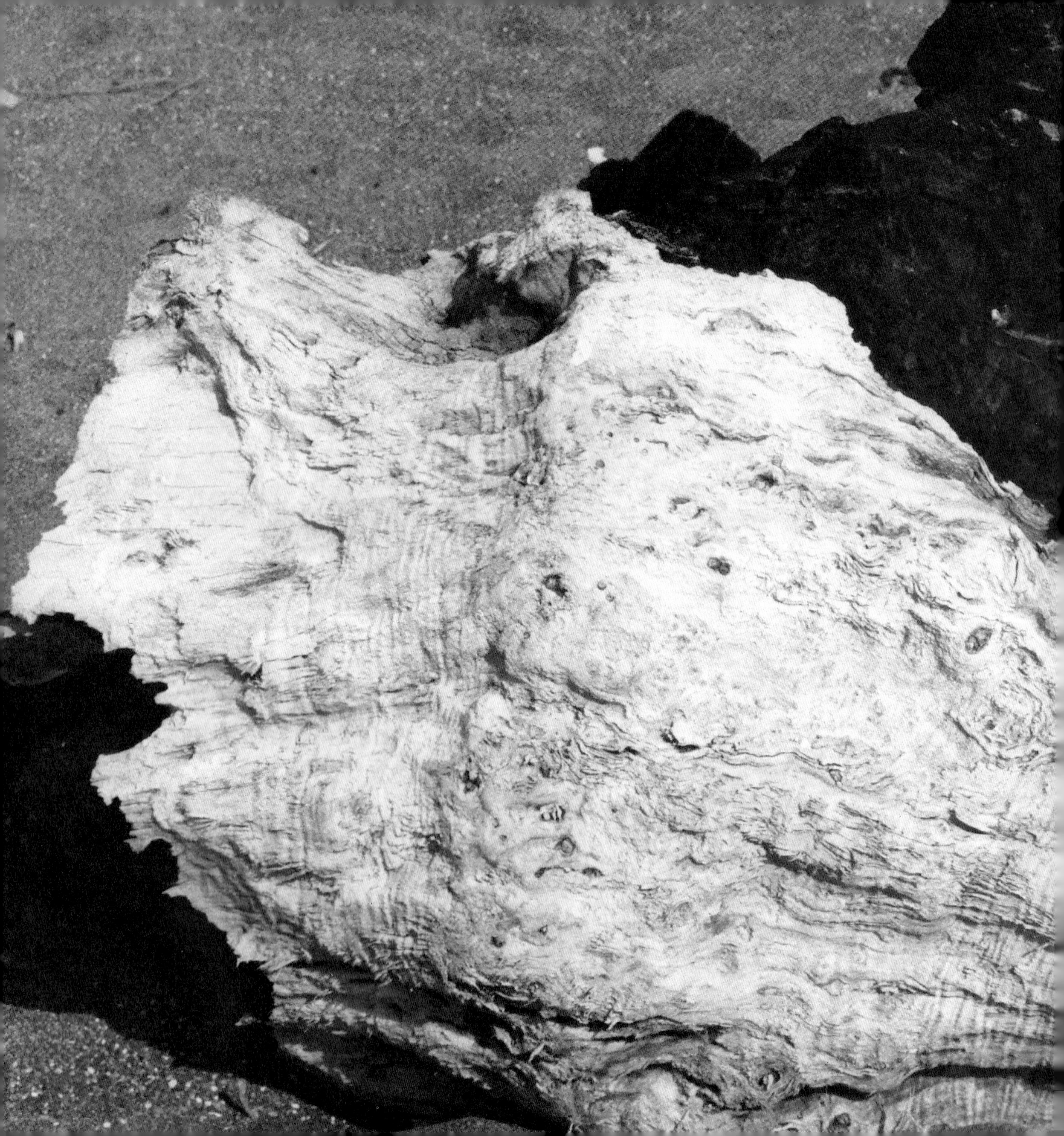

Erde, Wasser, Feuer, Luft
eine konzentrierte Form der vier Elemente

Donnerstag: Stillstand

Der Zen-Bohrer bohrt längere Löcher, als seine Länge es erlauben würde. Sich aufgeben, die momentane Beschäftigung unterbrechen, das Problem vergessen, ein heißes langes Bad nehmen. Und vorher die Unzufriedenheit, daß die Lösung noch nicht gut und noch nicht einfach genug ist. Ein Nachklang des Stillstandes bleibt zum Mitnehmen ins tägliche Leben. Da andere ohnehin besser schreiben als wir, möchten wir heute unsere Anliegen durch andere sagen lassen: durch Zitate für jeden Tag unseres Arbeitskalenders. Unsere Anliegen haben schon andere beschäftigt. Trotzdem müssen sie ständig wiederholt werden.
Donnerstag, Jeudi, Tag des Jovis, des Jupiters. Nach dem Wörterbuch: Freude, Einfachheit, Kommunikation. So sollen nach unserer Vision die Arbeitsstellen der Zukunft sein.

Signale
Zieltransformer
Schlanke Technik
Denkmodule
Bauvisionen
Werkzeuge
Ruhe

Signale

J. J. Bambeck und A. Wolters,
Hersteiner Nr. 2/1989, S. 11, Herstein International Management Institute der WHK, Wien

«Ein Gleichnis, die komplexe Welt zu begreifen:
Bei den Zecken lief alles bestens. Mit nur zwei Wahrnehmungskanälen ausgestattet, war ihr Überleben gesichert. Ihre Weltvorstellung basiert darauf, Dinge mit einer Temperatur von 37° Celsius und einer Ausdünstung von Buttersäure zu erkennen. Ihre Welt war so lange in Ordnung, bis eines Tages ein Zeckenphilosoph verkündete, daß die Temperaturwahrnehmung eindeutig die wichtigere sei. Prompt fand sich ein anderer, der die Buttersäure favorisierte. Die gegensätzlichen Ansichten machten Schule, spalteten bald das gesamte Zeckenvolk und führten schließlich zu heftigen Glaubenskriegen. Erst als in neuester Zeit einige Zecken auf die Idee kamen, daß beide Fähigkeiten gleich wichtig seien, mehr noch, daß sie nur gemeinsam das Überleben ermöglichten, ließen die Streitigkeiten nach. Den jungen Zecken leuchtete die neue, ganzheitliche Sicht der Dinge sofort ein, viele Alte jedoch hatten Schwierigkeiten damit oder hielten sie schlichtweg für Humbug. Die Jungen wurden mehr, die Alten wurden weniger. Am Ende war die Zeckenwelt wieder in Ordnung, mit dem einzigen kleinen Unterschied zu früher: nun glaubte man – und dies nicht ohne eine gehörige Portion Stolz –, die Welt in ihrem komplexen, ganzheitlichen Zusammenspiel begriffen zu haben. Und nicht wenige sogenannte New-Age-Zecken waren sogar der felsenfesten Überzeugung, durch meditatives Eintauchen in ihre zwei Empfindlichkeitsvarianten einen Weg zum Einssein mit dem gesamten Kosmos, mit seiner vielfältigen Ganzheit gefunden zu haben.»

Zieltransformer

Frank Lloyd Wright, Writings and Buildings, ausgewählt von E. Kaufmann und B. Raeburn, Meridian Books Inc., New York 1960

«Modern architecture implies far more intelligent cooperation on the part of the client than ever before...»

Louis I. Kahn, The Notebooks and Drawings of Louis I. Kahn, hg. von Richard Saul Wurmann und Eugene Feldmann, MIT Press, Cambridge, Mass. 1973

«The client asks for areas, the architect must give him spaces; the client has in mind corridors, the architect finds reasons for galleries; the client gives the architect a budget, the architect must think in terms of economy...»

Schlanke Technik

Henri Matisse, Über Kunst,
hg. von Jack D. Flam, Diogenes, Zürich 1982

«Ich habe mich lange auf meinen Beruf vorbereitet; es ist, als ob ich bis dahin nichts getan hätte als lernen, als meine Ausdrucksmittel erarbeiten.
  Diese langsame und mühevolle Arbeit ist unerläßlich. Tatsächlich, wenn die Gärten nicht zur richtigen Zeit umgegraben werden, sind sie bald zu nichts mehr nütze. Müssen wir nicht jedes Jahr den Boden zuerst wieder säubern und dann neu bepflanzen?
  Die vorbereitende Arbeit der Einführung, der Erneuerung, das nenne ich «den Boden bepflanzen».
  Wenn ein Künstler es nicht verstanden hat, seine Periode der Entfaltung vorzubereiten mit einer Arbeit, die mit dem schließlichen Resultat in einem nur losen Zusammenhang steht, dann hat er keine große Zukunft vor sich. Oder wenn ein ‹arrivierter Künstler› es nicht mehr für nötig hält, von Zeit zu Zeit auf den Erdboden zurückzukehren, dann beginnt er sich im Kreise zu drehen, er wiederholt sich so lange, bis gerade durch diese Wiederholung seine Eigenart erloschen ist.

Der Künstler muß die Natur besitzen. Er muß sich mit ihrem Rhythmus identifizieren; durch diese Anstrengung wird er jene Meisterschaft erlangen, die es ihm später ermöglichen wird, sich in seiner eigenen Sprache auszudrücken.»

Denkmodule

«*Die Gesetze des Unorganischen zu Hilfe rufen, um das Organische in eine zeitlose Sphäre zu heben, es zu verewigen, das ist ein Gesetz aller Kunst...*»

Wilhelm Worringer,
Abstraktion und Einfühlung, 2. Aufl. Piper, München, 1921

Bauvisionen

«*On met en oeuvre de la pierre, du bois, du ciment: on en fait des maisons, des palais; c'est de la construction. L'ingéniosité travaille. Mais tout à coup, vous me prenez au coeur, vous me faites du bien, je suis heureux, je dis: c'est beau...*»

Le Corbusier,
Vers une architecture, Ed. Cres, Paris, 1923

«*Les architectes de l'école laïque du moyen âge, malgré le penchant que nous avons de tout temps manifesté pour le paraître, ont soumis la forme, l'apparence aux procédés et matériaux employés. Ces architectes sont hardis, leurs combinaisons de structure vont au delà des moyens matériels dont ils disposent; ils précédent le mouvement industriel de leur temps...*

L'architecte (contemporain) se plaint que le siècle n'a plus le goût des belles choses, parce qu'il ne veut pas essayer de faire de belles choses avec les moyens que lui fournit ce siècle; il se plaint de ce que les ingénieurs, par exemple, empiètent sur le domaine de l'art, et de ce qu'ils produisent parfois des oeuvres dépourvues d'art; mais il se garderait de laisser là des routines surannées pour mettre son intelligence et son éducation d'artiste au service des besoins nouveaux.»

Eugène Viollet-le-Duc,
Entretiens sur l'architecture, 1. Band, A. Morel & Cie, Paris 1863

«*Erfolgreiche Unternehmen betreiben bewußt eine Veränderung von der Disziplinkultur zur Selbstkultur. Mitarbeiter aller Unternehmenshierarchien sollen ihre kreativen Leistungspotentiale in einer weniger gegängelten Fabrikumwelt entfalten. Es ist Aufgabe des Managements, durch Organisation, Training und Motivation diese positive Grundeinstellung der Mitarbeiter zu schaffen. Wir selbst haben bei VW verschiedene Formen von Gruppenarbeit getestet, die ohne Investitionen Leistungssteigerungen von 10 bis 20 Prozent erbrachten.*

Die Schwierigkeit in diesem Umdenkprozeß liegt darin, daß halbherziges Handeln mit Sicherheit keinen Erfolg hat. Nur neue Verhaltensweisen, die das ganze Unternehmen durchdringen, führen zum Ziel. Allerdings ist stufenweises Vorgehen nötig. Wir müssen das Risiko eingehen, unsere festgefügten Prozeduren in Frage zu stellen für eine mehr visionäre, an das Positive appellierende Eigendynamik der Mitarbeiter. Wir kennen die Thesen, die Visionen, die Schlagwörter, aber uns fehlt oft das Umsetzungskonzept. Es geht darum, das Verhalten und das Denken aller Mitarbeiter im Unternehmen zu verändern – allen voran das der leitenden Mitarbeiter.

Der neue Manager lebt in scheinbar unklaren, offenen, netzförmigen Organisationsformen, er ist es gewohnt, daß man für unterschiedliche Aufgaben verschiedene Chefs hat, die früheren Schornsteinhierarchien sind vergessen.

Der neue Manager braucht mehr Zeit für innerbetriebliche Kommunikation, er entscheidet selbst weniger als heute, da die Entscheidungen tunlichst auf der Ebene der

G. Hartwich, Kommunikative Managementprozesse, Coaching, Wirtschaftswoche Nr. 18, 27.4.1990

Probleme getroffen werden sollen. Er weiß, daß die Leistungsreserven der Mitarbeiter zu einem großen Teil aus Selbstmotivation und Selbstorganisation herrühren, daher fördert er eine Unternehmenskultur, die Selbstorganisation zuläßt und sogar fordert. Er will nicht oberster Entscheidungsträger, sondern Coach eines Teams sein, das sich selbst aktiv an der Unternehmensoptimierung beteiligt. Nicht der Boss ist gefragt, sondern der kreative und flexible Vordenker mit Visionen.»

Velimir Chlebnikov, Wir und die Häuser, Werke. Poesie, Prosa, Schriften, Briefe hg. von Peter Urban, Reinbek bei Hamburg, 1985

«*…Turmhohe Schlösser aus Glas, Häuserwände, die Rücken an Rücken stehenden Büchern gleichen; Wohntürme, die durch Hängebrücken verbunden sind, Häuser-Brücken, Häuser-Pappeln, Unterwasser-Paläste, Häuser-Häute, Häuser-Haare, Häuser auf Rädern, eine oder mehrere Kajüten auf einem langen Rolluntersatz, Gastzimmer oder weltoffene Nomadenlager für die Zigeuner des 20. Jahrhunderts.*»

«*Wir dürfen nicht vergessen, daß wir in einer Zeit leben, in der Technik und Wissenschaften die menschliche Arbeit zu übernehmen versuchen, teils, um den alten Kampf fortzusetzen, die geheimen Feuer des Kosmos zu stehlen, und teils, um dem Menschen Arbeitsenergie zu ersparen und ihm mehr Freizeit und bessere Gesundheit zu geben.*»

Werkzeuge

Leonardo da Vinci, Ausstellungskatalog Technorama der Schweiz, 1970

«*Die Liebe für irgend eine Sache erwächst aus der Erkenntnis, und die Liebe ist um so inniger, je sicherer die Erkenntnis ist.*»

Joseph Rykwert, La Maison d'Adam au paradis, Editseuil, Paris, 1976

«*Une légende para-talmudique rapporte que Dieu érigea lors du mariage d'Adam et d'Eve un édifice richement orné de pierreries et d'or, dont le plancher était la terre, et le treillis de son toit était composé de feuilles et de fleurs qui ressemblaient à un firmament en réduction, soutenu par des êtres vivants.*»

Christopher Alexander, A Pattern Language, N.Y. Oxford University Press, 1977

«*On no account place buildings in the places which are most beautiful. In fact, do the opposite. Consider the site and its buildings as a single eco-system. Leave those areas that are the most precious, beautiful, comfortable, and healthy as they are, and build new structures in those parts of the site which are least pleasant now.*»

János Bartl, Haupt-Katalog, Fabrik Magischer Apparate, Verlag János Bartl, Hamburg, ca. 1915

«*Sehr geehrter Herr!
Hiermit erlaube ich mir, Ihnen meine neueste Preisliste zu behändigen und bemerke, dass durch das Erscheinen dieser Liste sämtliche früher herausgegebenen Listen und Nachträge ungültig sind. Ich bin fest davon überzeugt, dass Sie gerade in dieser Liste bestimmt dasjenige finden werden, was Sie suchen.
  Wie Sie bei der Durchsicht meiner Liste bemerken werden, habe ich in diesem Katalog eine derartig reichhaltige Auswahl getroffen, wie Ihnen solche wohl von keiner anderen Seite geboten werden kann.
  Es dürfte Ihnen bekannt sein, dass ich gegenwärtig das grösste und eleganteste Spezialgeschäft in dieser Branche besitze, und wird Ihnen diese Garantie genug bieten, dass ich durchweg nur derartige Kunststücke führe, welche ihre Wirkung auf das Publikum nie verfehlen. Da öfters täglich mehrere hundert Kunden in meinem Spezialgeschäft abgefertigt werden, bin ich durch diesen ständigen Umgang mit dem*

Publikum in die Lage versetzt, stets nur das zu bringen, was den Kunden tatsächlich imponiert.

In erster Linie möchte ich darauf hinweisen, dass ich nicht nur Kaufmann oder Mechaniker bin, der wohl die einzelnen Konstruktionen der Apparate kennt, sondern durch meine langjährige Tätigkeit als Berufskünstler unter dem Namen Aradi bin ich in der Lage, die Kunststücke nicht nur auf dem mechanischen Gebiete zu kennen, sondern ich vermag auch zu beurteilen, wie die einzelnen Kunststücke auf die Zuschauer wirken, was doch bei jedem Kunststück die Hauptsache ist, um bei einer Vorführung einen sicheren Erfolg zu erzielen.

Meine Devise ist: ‹Viel leisten und wenig schreien›. Ich will nicht, wie dies bei anderen Firmen üblich ist, versuchen, die Konkurrenz mit langen Reden herunterzureissen, sondern ich gebe mich der Voraussetzung hin, dass jeder, der einmal bei mir gekauft hat, sich selbst ein Urteil bilden wird, wer auf diesem Gebiet wirklich leistungsfähig ist.

Ich sehe Ihren gesch. Aufträgen mit Vergnügen entgegen und empfehle mich Ihnen hochachtungsvoll

    Bartls Akademie für moderne magische Kunst
    Inhaber: János Bartl
    HAMBURG 36, Colonnaden 5»

Ruhe

«i've never seen
anything
like life
before

if i ever lived
before
i don't remember
it

every day is a
surprise»

«O Gott
Vollkommenheit
und rannte aus dem Raum»

Robert Lax, «Episoden» und «Fabeln», Pendo Verlag, Zürich, 1983

Freitag: Bauvisionen

Die Visionen von Freitag, am Ende der Arbeitswoche, fassen einiges zusammen, was wir Autoren oder auch die Leser dieses Buches realisieren möchten. Wir glauben ernsthaft daran, daß die Visionen, die eigentlich als Denkhürde gedacht waren, auch realisierbar sind. Vielleicht nicht alle Elemente einer Vision in jedem Bau, aber einzelne schon. Es werden Lösungen sein, die heute wegweisend sind und morgen schon den Stand der guten Technik ausmachen.

Teambüros
Umnutzung von Industriebauten
Open-end Wohnbauten
Vierter Dialog DO–UNDO: «Die Methode der
   lustvollen Energieverschwendung»
Lichtprojekte für Büros
Echtergiebauten
Weitere Bauvisionen

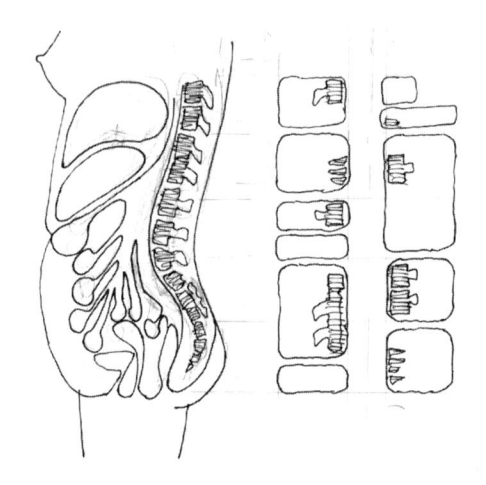

Teambüros

Unsere Vision: Die Konkurrenzfähigkeit von Firmen kann nachhaltig durch überschaubare Einheiten verbessert werden, die engagiert und innovativ zusammenarbeiten und durch eine starke Vision der Firma motiviert sind. Zahlreiche Firmen haben solche Visionen zusammen mit der Belegschaft erarbeitet. Das Arbeiten erfolgt in selbstverantwortlichen Teams mit direkter Erfolgsbeteiligung; die wenigen Chefs arbeiten produktiv mit und sind mehr Coach als Vorgesetzte.

Wir skizzieren hier ein konsequent gestaltetes Bürogebäude dafür. Bisher bekannte Bürobautypen sind etwa Zellenbüros oder Großraumbüros. Eine Verbesserung wurde über Kombibüros gesucht: Jeder hat sein eigenes, aber sehr kleines Zellenbüro, zusätzlich sind große gemeinsame Flächen vorhanden.

Unser Vorschlag ist ein Büro mit flexiblen Teamflächen (2 – 4 Personen) mit besonderer Auslegung für kommunikatives Schaffen. Kommunikationsarchitektur statt Machtarchitektur.

Neubau

Hauptziel:
Dynamische, übersichtliche und motivierte Organisationseinheiten

Bauziel:
Einfaches Bürogebäude für max. 500 Personen, bestehend aus 10 Einheiten à 50 Personen (jeweils 2 Unterabteilungen à 25 Personen)

Weitere Ziele:
- Minimale Technik
- Alle Arbeitsflächen in der Fensterzone
- Flexible Allgemeinzonen
- Rückzugsmöglichkeit für konzentriertes Schaffen

Bild:
Es sind drei Bereiche vorhanden: a) die öffentlich zugängliche Halle für gemischte Nutzungen (nicht gezeigt), b) ein Forum für abteilungsübergreifendes Schaffen und c) semiautonome Einheiten à 2 x 25 Personen (im Bild ist eine Unterabteilung gezeigt). Diese bestehen aus Gruppenbüros sowie aus einem Raum für Zusammenarbeit und einem für Infrastrukturaufgaben (Sekretariat, Ablage, Drucker, EDV). Neu an dieser Anordnung ist die starke Betonung der Zusammenarbeit im flexibel umstellbaren Raum, die Animation zur Kreativität und die konsequente Unterdrückung der Hierarchiesymbole (andere Möblierung des Chefbüros, Besprechungstisch mit Chefposition, gute fensternahe Arbeitsflächen usw.); jeder hat sein eigenes kleines und individuelles Nest (Wald) und partizipiert doch am Treiben bei Waldrand und Wiese.

Technik:
- Keine Lüftungsanlagen, Nachtkühlung im Sommer ohne Kältemaschine mit zirkulierendem Wasser in der Decke
- Wärmequellen (Drucker etc.) in «Wärmeboxen» mit Abwärmenutzung
- Techniktürme, bestehend aus auswechselbaren Technikmodulen. Im Bau nur horizontale Verteilungen, keine Schächte.

Dem bekannten Bürogrundriß des linearen Zweispänners (rechts) mit der Hierarchie von Zentralgang, Sekundärzonen und Büroräumen kann ein biomorphologischer Grundriß (links) entgegengestellt werden: Eine Lösung für eine gesündere Arbeitsatmosphäre und eine produktivere Organisation.

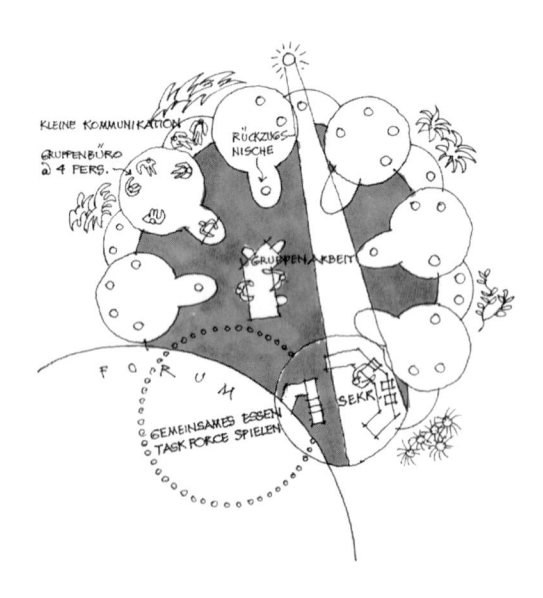

Teambüro:
Unterabteilung: Einheit à 25 Personen. Es sind 10 Abteilungen à 2 x 25 Personen am Forum angeschlossen.

Investitionsreduktion:
Durch flexible Nutzung entsteht weniger Flächenbedarf (z.B. keine Korridore), außerdem wird die Vereinfachung der Gebäudetechnik angestrebt. Der Komfort ist nicht überall gleich hoch: Konzept Wald/Waldrand/Wiese.
- *Wald:* Konzentrationsbereiche wie kleine Gruppenräume, bewegliche Denknischen
- *Waldrand:* Bereich für gemeinsam arbeiten, essen, spielen innerhalb der Abteilung, Nischen für kreative Gespräche
- *Wiese:* Öffentliche Wiese: die Halle, halbprivate Wiese: das Forum für abteilungsübergreifende Tätigkeiten

Umstellungen in bestehenden Bürogebäuden
Auch bestehende Bürobauten können auf die neue, kommunikationsorientierte Arbeitsweise umgestellt werden. Die Mitarbeiter sollten durch eine Mitsprache bei den Umstellungen zu selbständigem Denken motiviert werden.

Hauptziel:
Dynamische, übersichtliche und motivierte Organisationseinheiten

Bauziel:
Durch einfache Umstellungen rasche Verbesserungen

Weitere Ziele:
- Reduktion des Technikeinsatzes
- Senkung der Energiekosten, z.B. um 30% als Ziel
- Schaffung von kleinen privaten Bereichen und größeren gemeinsamen, flexiblen Zonen
- Kleine Nischen für Kommunikation, 2 – 3 Personen
- Gemeinsame Räume für Gruppenarbeit und Task Force
- Neu: Gruppenbüros à ca. 3 Personen mit weniger Fläche als bisher, da für die allgemeine Ablage und gemeinsame Arbeit anderswo Platz vorhanden ist.
- Für die Zusammenarbeit flexibel unterteilbare Flächen, Stellwände
- Keine Besprechungszimmer, kein Korridor
- Teilweises Abstellen der Lüftungsanlagen, selbstkorrigierende Lösungen zur Vermeidung von technischen Fehlbedienungen, z.B. Beleuchtung und Storen, individuelle Lösungen für Technik, drei Möglichkeiten der Beleuchtung nach Wahl der Mitarbeiter
(Arbeitsplatzleuchten, Allgemeinbeleuchtung, Ständerlampen).

Hauptgewicht:
Elimination der Störungen Lärm, Lüftung, Blendung (z.B. Umstellung der Bildschirme zur Vermeidung von Blendung und Reflexion).

Dem Büroarbeiter (oder Schüler) muß ein natürlicher oder künstlicher Grünteppich zur Verfügung gestellt werden, wo er seine Körperstellung wechseln und seine Gedanken wandern lassen kann.

Bürozellen verkleinert, dafür mehr Allgemeinfläche. Auch langweilige Zweispänner sind umstellbar.

Grünbuchten innerhalb des Säulenrasters
einer bestehenden Fabrik

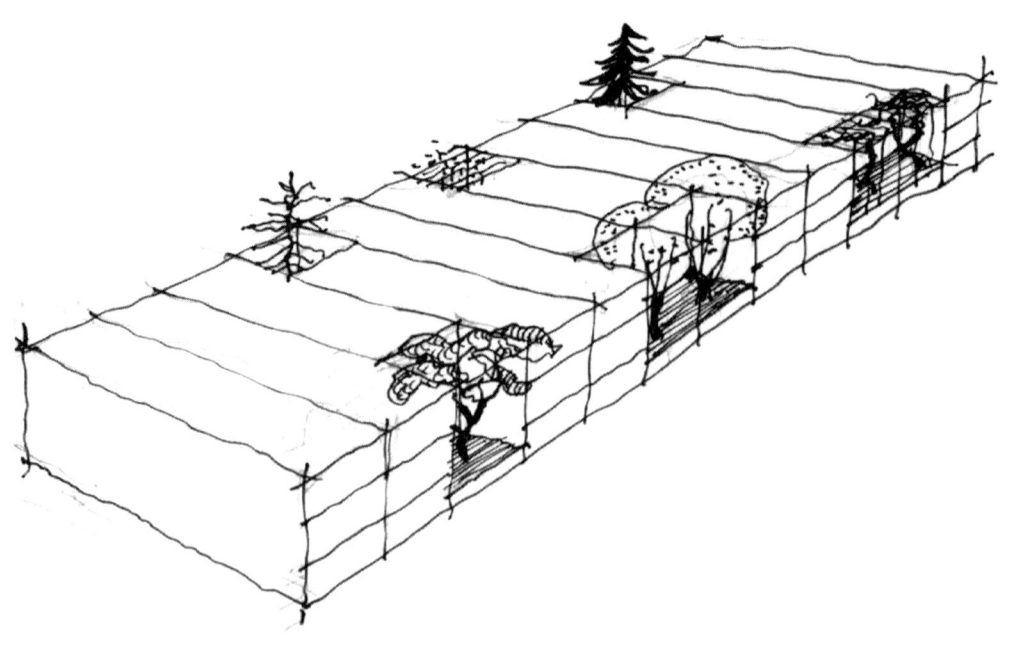

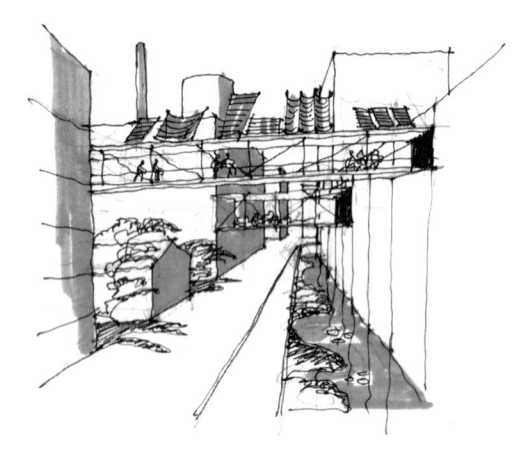

Bestehende Industriegassen erneuern sich innerhalb ihrer Baustruktur vermittels verglaster Passarellen, Teichzonen, Sonnenkollektoren...

Umnutzung von Industriebauten

Unsere Vision ist, daß Ideenmarktplätze mit Netzwerken des Lernens und für die freie Arbeit von Älteren und Teilzeitbeschäftigten geschaffen werden. Dazu gehören Magnete oder Zentren der Tätigkeit wie Bibliotheken und kleinere, durchgemischte städtische Einheiten sowie Industrieareale, welche durch Umrüstung dazu geeignet wären, und schließlich vollständig dezentrale Möglichkeiten in den Wohnquartieren.

Leerstehende Industriebauten und -gelände bieten ideale Voraussetzungen dafür, Magnete der Anziehung durch vielfältige Nutzungen zu werden. Sie können dann stufenweise durch Neubauten abgelöst werden. Voraussetzung ist, daß sich diese Magnete als lebensfähig und wirtschaftlich erweisen. Anziehungspunkte bei solchen Umnutzungen können Bibliotheken, Hörsäle für Vorträge zum Zwecke von Erfahrungsaustausch, Bastelräume, Labors, gemeinsame Werkstätten usw. sein.

Kreative, aktive Personen benötigen ein Netzwerk des Lernens – ein Leben lang. Dazu kann eine umgebaute Industriehalle dienen. Jeder ist Lehrer und Lehrling, je nach Thema. Das Netzwerk besteht aus einem zentralen Magneten (z.B. Universität für Laien und Fachleute), aus vier bis fünf Zonenzentren (z.B. im Industriegebiet) und dezentralen Einheiten in Bürogebäuden und Wohnüberbauungen. Ein Marktplatz der Ideen im Industrieareal könnte bestehen aus: Theater, Atelier, Club der Spinner, Erfahrungsaustausch in Gruppen, Entwicklung neuer Produkte, Arbeit für Task-Force-Gruppen, Kombination von Einkauf und Freizeit. Daneben: Möglichkeiten zur zeitlich begrenzten Arbeit für ältere Leute.

Hauptziel:
Vermeidung der Verslumung
Stufenweise Umnutzung
Schaffung eines Marktplatzes der Ideen

Bauziel:
Große, hohe Halle als ideale Hülle für flexible Einbauten

Weitere Ziele:
- Weitestgehende Tageslichtnutzung
- Lokale, dynamische Heizungen
- Inseln der Behaglichkeit bezüglich Temperatur und Licht

Neu an dieser Anordnung ist die starke Durchmischung der Nutzungen, von alten und jungen Leuten, von Freizeit und Teilzeitarbeit.

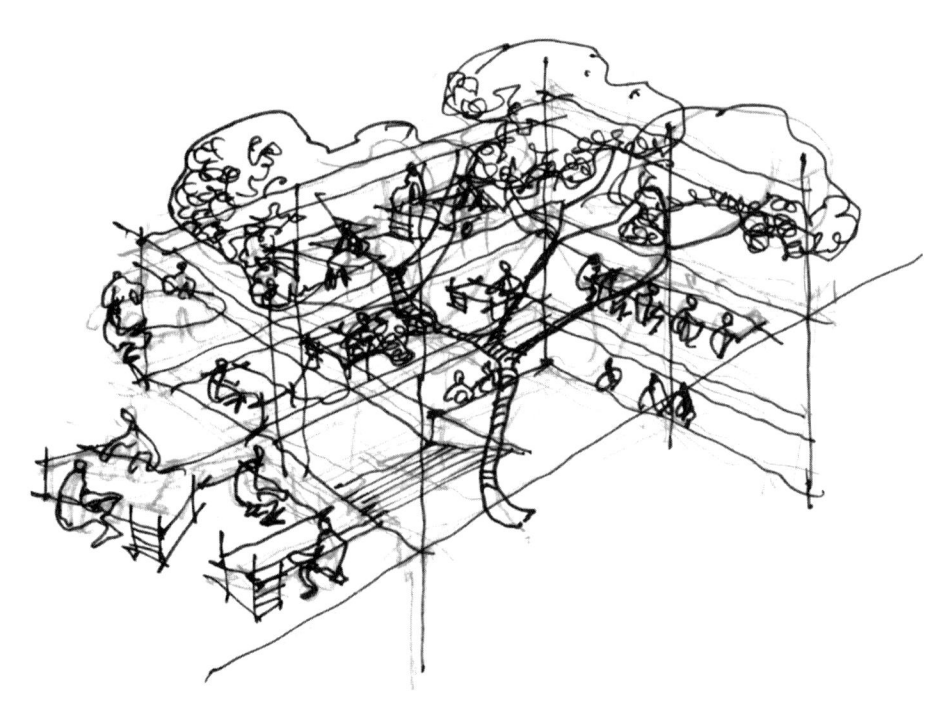

Bei Büro- und Schulfunktionen wird bewußt Nutzfläche weggenommen, dafür aber werden mehr Fensterplätze und Außenraumqualität geboten. Jeder Bucht wird durch die Baumwahl ein Name gegeben: Föhre, Linde, Gingko, Rebe, Tanne…

Open-end Wohnbauten

Unsere Vision ist eine Wohnung, welche sich dauernd den wechselnden Bedürfnissen der Mieter anpassen läßt (und nicht umgekehrt). Open-end Wohnbauten erhöhen die Wohnqualität und damit die Vermietbarkeit – hoffentlich zu vernünftigen Mieten.

Hauptziel:
Intelligent einfach (nicht bezogen auf Qualität, sondern auf neue Abläufe).

Bauziel:
Reduktion von privaten Wohnflächen, Schaffung von Rückzugräumen und eigenen Bereichen (Wald).
  Der große, flexibel umstellbare Raum in der Wohnung, an den alle Räume anschließen (Wiese).
  Dazwischen halbprivate Zonen, welche das Ganze zum Leben erwecken: in der Wohnung die Erweiterung des Bades zum Badewohnzimmer sowie die Wohnküche; außerhalb der Wohnung etwa gemeinsam mit einzelnen anderen Mietern genutzte Hobbyräume (Waldrand).

Weitere Ziele:
- Der Zweck der Zimmer ist nicht vorbestimmt.
- Die Möblierung im Raum ist nicht nur auf eine einzige Art möglich.

Zonen:
- Der Mittelpunkt ist eine große gemeinsame Fläche. Dazugeschaltet sind Wohnküchen, Wohnbadezimmer. Es sind zwei Varianten möglich, d.h. Wohnküche oder Kochküche bzw. Wohnbadezimmer oder nur Badezimmer.
- Bewohnbarer Garten (außen, aber auch innen)
- Relativ kleine Zimmer für Eltern, Kinder, Arbeit, Musik, Lesen. Alle öffnen sich gegen die gemeinsame Fläche.
- Zwischen den Wohnungen befinden sich Zuschalträume. Weitere Mietflächen sind in der Allgemeinzone vorhanden, halb privat. Als Ergänzung sind große gemeinsame Zonen vorhanden.
- Durch frei anmietbare Räume kann dem Lebenszyklus (z.B. zuerst zwei Partner, dann zwei Eltern mit Kindern, später Kleinstfamilie) besser entsprochen werden.
- Schränke und Stellwände als bewegliche Raumtrenner. Durch leicht zugänglichen Kleinlagerraum in der Wohnung kann die Anzahl der Gegenstände in den Räumen auf ein Minimum beschränkt werden.

Neu an dieser Anordnung sind die konsequente Flexibilität und die leichte Veränderung der gemieteten Flächen sowie der intensive Kontakt mit anderen Bewohnern unter Beibehaltung eines eigenen Bereiches (Zwischenlösung zwischen Kleinfamilie und Wohngemeinschaft).

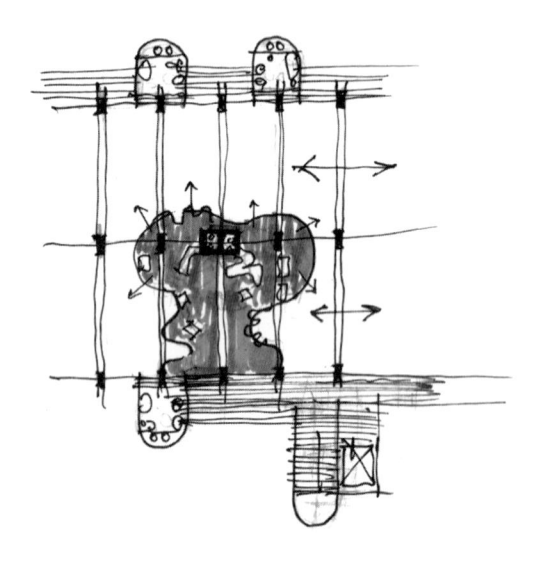

In dieser Wohnstruktur sind Naßzellen, Treppen, Lift und Balkone außen angedockt. Ins Innere dringt jeweils eine Verteilküche, von der aus Privaträume beliebig erschlossen werden können.

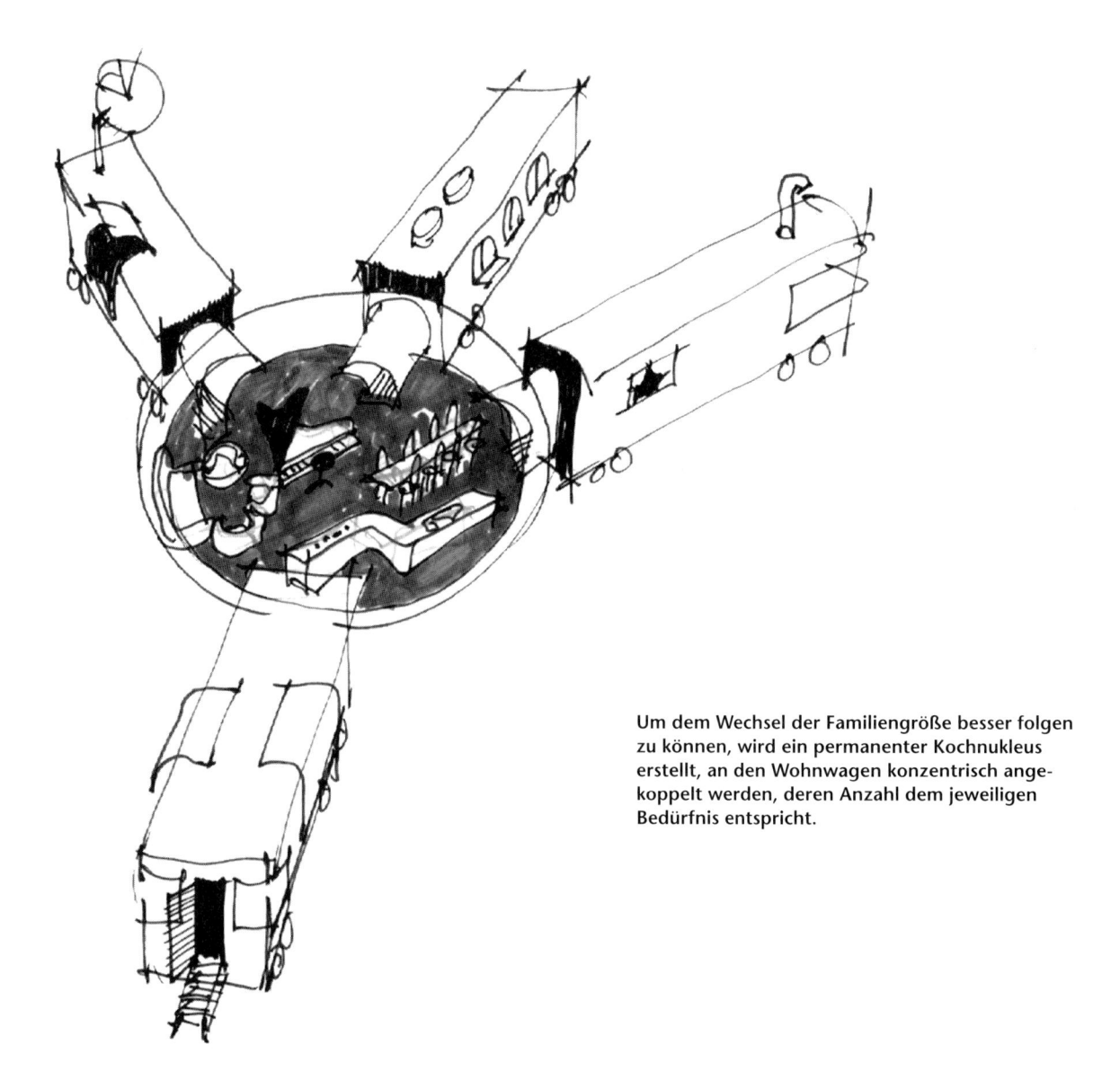

Um dem Wechsel der Familiengröße besser folgen zu können, wird ein permanenter Kochnukleus erstellt, an den Wohnwagen konzentrisch angekoppelt werden, deren Anzahl dem jeweiligen Bedürfnis entspricht.

Unser Bauherr bringt auch noch nach der Schlankheitskur einer Gemein-(Kosten-)Analyse genügend Kraft auf, um uns den Weg in die Vision zu weisen.

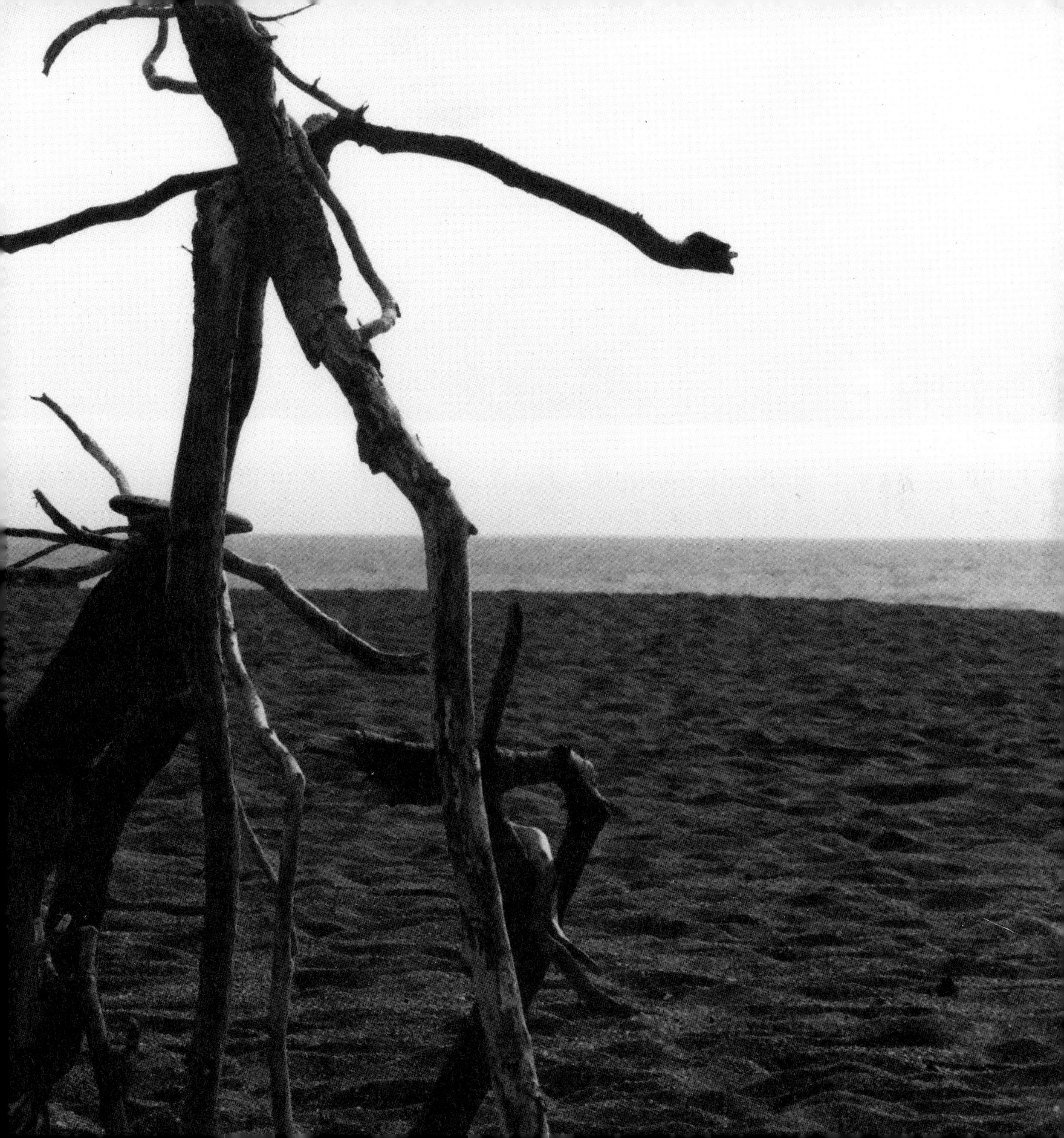

Vierter Dialog DO–UNDO: «Die Methode der lustvollen Energieverschwendung»

Fragedik: «Mich beschäftigt es immer noch, die drei Visionen in die Tat umzusetzen: kreative Teamarbeit, die wieder Freude macht, Wohnbauten, welche sich den individuellen Wünschen anpassen, und ein Netzwerk des Lernens und der Ideen. Dabei Arbeit, Freizeit, Einkaufserlebnisse so zu mischen, daß sie sich gegenseitig ergänzen und aufwerten. Ich frage mich aber, ob solche Visionen überhaupt erreichbar sind. Kann man denn auch sagen, Bauten wollen geliebt werden? Und wie steht es mit der Arbeit? Kann auch die geliebt werden?»

Fragenix: «Ich beschäftige mich jetzt lieber mit der Suche nach ‹Traumwerten des Energieverbrauches›. Mit den Denkanstößen der Visionen habe ich mir vorgenommen, eine Vision ‹Echtergiebauten› zu gestalten. Die Entwicklung des Energieverbrauches von heutigen guten Werten zu heute gültigen Zielwerten und eventuell später erreichbaren Visionswerten habe ich in einer Tabelle zusammengestellt (siehe Vision Echtergiebauten nach diesem Dialog). Im Bereich Wärme bewegen wir uns von heute 500 – 700 zu Zielwerten von 150 – 250. Ich möchte als Denkhürde 50 anstreben. Alle Werte in MJ/m²a. Im Bereich elektrischer Energie ist das Einsparpotential etwas kleiner, aber bei Anwendung der Denkmethode DO–UNDO auf Visionen immer noch in Faktoren statt in Prozenten.»

Fragedik: «Lohnt es sich denn überhaupt, noch niedrigere Werte zu wünschen, als es die an sich schon vernünftigen Zielwerte sind? Ist es nicht besser, das Energiesparen bei uns zu vergessen, um sich wichtigen anderen Zielsetzungen zu widmen? Zum Beispiel, daß auch die Entwicklungsländer mit ihrem großen Entwicklungspotential die heutigen Zielwerte anstreben und nicht unsere gestrigen schlechten Energieverbrauchswerte.»

Fragenix: «Trotzdem will ich in ein paar Pilot- und Demonstrationsvorhaben unsere Ideen testen und sehen, ob es nicht so ist, daß die Visionsstufe im Energieverbrauch von selber kommt, wenn wir das verkrampfte Energiesparen vergessen und plötzlich merken, daß die anderen Vorteile dieser Bauten überwiegen, wie die Möglichkeiten zur Kommunikation und zur Kreativität sowie zur Flexibilität.

Ein Beispiel dafür wäre eine Überbauung mit Wohnungen, welche alle Vorteile des Einfamilienhauses bezüglich Individualität und Flexibilität aufweist. Ist es nicht möglich, daß wir dann dort mit der Methode der lustvollen Energieverschwendung eine Werkstatt betreiben – Backöfen oder Kleintheater – und gleichzeitig merken, daß wir deshalb weit weniger reisen und so auch indirekt Energie sparen?»

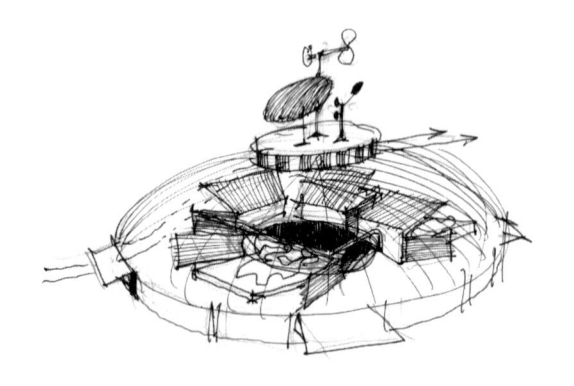

Ein Schlafmodul:
Eltern und Kinder befinden sich je in gegen außen orientierten Aufklappdosen innerhalb einer Klimakuppel, die vom natürlichen Windsog profitiert und zentral gesteuerte Wettermelder besitzt. Der Aufgang ist in der Mitte.

Fragedik: «Ist es denn nicht unrealistisch anzunehmen, daß Sammelheizungen für zwei, drei Objekte erstellt werden, welche auf Wärmekraftkopplung, (d.h. gemeinsame Wärme- und Stromerzeugung) und auf eine Wärmepumpe mit Umwelt- oder Abwärme basieren. Nur die Anwendung dieser Sammelheizungen erlaubt den Sprung von den heutigen Zielwerten (kompakte Bauten mit extrem guten und dichten Fenstern) zu den zukünftigen Visionswerten. Wer erstellt und betreibt denn diese Anlagen, und wo ist die Wärmequelle für alle diese Wärmepumpen?»

Fragenix: «Die öffentliche Hand sorgt für die Vorfinanzierung (Energie wird für den Mieter für eine bestimmte Zeit künstlich verteuert in diesen Sammelheizungen, dafür aber weniger verbraucht, um einen Anreiz für weiteres Energiesparen im Betrieb zu haben), die Stadtwerke betreiben es. Die Wärmequellen könnten z.B. in mittelgroßen und größeren Städten zu einem Drittel aus Kehrichtwärmenutzung kommen (Fernwärme), zu einem Drittel aus Abwärme von Büros- und Gewerbebauten oder von Industriebetrieben und, wenn vorhanden, zu einem Drittel von See- oder Grundwasserwärme.

Zu einem späteren Zeitpunkt, wenn die Kehrichtmenge bei besserer Kehrichtbewirtschaftung gesenkt werden kann, könnte hier Holz vermehrt verwendet werden, sei es Baumaterial aus Abbruch, sei es aus stadtnahen Wäldern.»

Fragedik: «Und die vielen Motoren, woher kommen die?»

Fragenix: «Die Entwicklung im Bereich Wärme ist von heute zum Zielwert und zur Vision 20 zu 10 zu 2 l/m² und Jahr. Die gleiche Regel könnten wir nach der Methode der unzulässigen Parallelen auch für Autos anwenden, d.h. ein Benzinverbrauch von früher 20 l pro 100 km, heute 10 und als Visionswert 2. Auch könnten wir bei den Autos ein 3-Stufensystem einführen mit Sleep, Grundlast und Spitze (siehe Mittwoch). Für die Spitze, also für längere Fahrten, würden Mietautos zur Verfügung stehen (im Falle, daß keine vernünftigen und bequemen öffentlichen Verkehrsmittel vorhanden sind). Für die Grundlast, d.h. Stadtverkehr, Pendelverkehr, eigene und besonders konstruierte Autos. Beide Typen von Autos können im Sleepmodus in der Wärmekraftkopplungszentrale abgestellt werden und als Motor für die Wärmekraftkopplung verwendet werden. Dies ist aber schon eher eine gewagte Vision.»

Fragedik: «Und was geschieht in den Büros? Ist es denn realistisch anzunehmen, daß die Personalcomputer anders eingekauft werden? Das Visionskonzept für Bürobauten beruht darauf, daß diese PCs eine kleine Durchschnittslast haben bezüglich installierter Leistung und automatisch abgestellt werden können sowie über einen Schnellstart verfügen.»

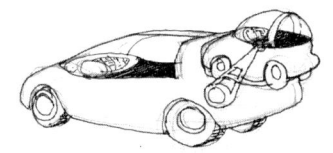

Das Auto-Baby wird von der Überland-Mutter mitgenommen und am Stadtrand abgeladen, wo es sich für die Besorgungen verselbständigt.

Fragenix: «Ich möchte Dich daran erinnern, daß, sobald man Laptops verkaufen wollte, diese Entwicklung ohne Probleme von selbst erfolgt ist. Die neue Generation von PCs wird vielleicht transportabel und universell sein, von der Anwendung im Büro bis zum Lernen zuhause. Dies ist eine neuere Version der sogenannten «Homeautomation» zur Optimierung des Heizungs- und Elektroverbrauches. Welche Funktionen solche echten Homecomputer haben sollten, sollten die Benutzer, d.h. die Hausfrauen und Hausmänner entscheiden.»

Fragedik: «Und wie kommen wir von den Zielwerten zu den Visionswerten? Ich will doch lieber Mobilität, Reisen, weniger Arbeit und mehr Kreativität, mehr selbständige Arbeit und mehr Freizeit. Meine Energie dafür ist mir wichtiger als die verkrampfte und von außen diktierte Beschneidung meiner Bedürfnisse.»

Fragenix: «Ich bin überzeugt, daß die Methode DO–UNDO und besonders die Methode der lustvollen Energieverschwendung zu allen diesen Freiheiten führt. DO–UNDO, d.h. Machen und Hinterfragen als Dauerprozeß und nicht als einmalige Schlankheitskur mit von außen diktierten Maßnahmen ist, der Schlüssel dazu. Besonders aber die Kreativität als Lustprinzip, also das Aufstellen und Verschwenden von lustvollen kreativen Ideen. Wichtig ist dabei, je mehr solche Ideen entwickelt werden, um so mehr stoßen neue und vielleicht besser realisierbare nach.»

2853.   Titania, die Beherrscherin der Luft.

Der Künstler tritt mit einer jungen Dame auf, spricht einige Worte über die Aufhebung der Schwerkraft und erklärt u. a., daß er die Dame hypnotisieren werde und diese dann imstande sei, frei in der Luft zu schweben. Zu diesem Zwecke setzt sich die Dame auf einen Stuhl. Der Künstler hypnotisiert die Dame. Hierauf gibt er dem Stuhle einen Stoß und bleibt derselbe auf den hinteren Beinen stehen, trotzdem die Vorderbeine des Stuhles in der Luft schweben. Langsam senkt sich der Stuhl in die natürliche Stellung zurück. Zwei Diener legen nunmehr die Dame auf einen auf zwei Böcken ruhenden Kasten. Auf Wunsch des Künstlers erhebt sich die Dame langsam in die Luft, woselbst sie frei schwebt. Zum Beweise, daß keine Präparation vorhanden, führt der Künstler einen vorher untersuchten Reifen um den Körper der Dame. Zum Schlusse senkt sich die Dame wieder langsam auf den Kasten zurück und erweckt der Künstler die Dame wieder.

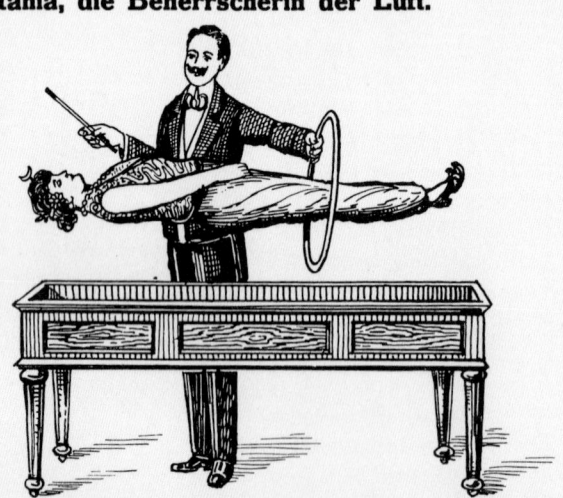

In ff. Ausführung . . . . M. 600,—

Fragedik: «Du hast auch schon einmal die Frage gestellt: Wem darf die Kreativität dienen? Ist da nicht auch ein Mißbrauch möglich? Hast Du die neueste Meldung in der Zeitung über die Pharmafirmen gelesen? Sie wollen jetzt in immer schnellerem Rhythmus den Markt mit kreativen Ideen und mit immer neueren Produkten überdecken. Können denn alle immer schneller sein als ihre Konkurrenz?»

Fragenix: «Ach, gehen wir doch zuerst in die Ferien. Und am Schluß finden wir auch noch diese Antwort. Zuvor möchte ich Dir aber hier von einer wissenschaftlichen Untersuchung vom Beginn des Jahrhunderts erzählen, welche beweist, daß Autos an sich interessante Erfindungen sind, daß sie sich aber nie in großem Maße verbreiten können:

1. Autos sind scheinbar schnell, die Gefahr von Unfällen und verstopften Straßen wird aber deren Geschwindigkeit wieder verringern. Der Nutzen wird also die Kosten nicht aufwiegen.
2. Auch wenn sie trotzdem verwendet werden sollten, sind sie nicht möglich, weil ein Netzwerk von Tankstellen und Straßenbrücken erforderlich wäre. Die dazu erforderliche Investition wäre – so wurde um 1910 geschätzt – derartig hoch, daß sie nie getätigt werden könne.
3. Auch wenn diese Investition erfolgen würde, sind Autos in großem Maße nie möglich, weil ca. 20% der Bevölkerung direkt oder indirekt mit einer Tätigkeit im Zusammenhang mit dem Autoverkehr befaßt wären. Es ist nicht denkbar, daß sich die Menschheit in so großem Maße dem Auto widmen würde.»

Diese Fragen – die einzigen, die Fragenix stellt – werden am Sonntag beantwortet.

Fragedik: «Jetzt wollte ich Dich aber gerade fragen, ob denn die Visionen je verwirklicht werden können und ob es nicht objektive Gründe gibt, daß es nie dazu kommt. Es scheint mir nun aber, daß Visionen vor allem dann eine echte Chance haben, wenn sie in einer Kombination miteinander und mit anderen Vorteilen verwendet werden; und daß Du mit Deiner kleinen Erzählung von 1910 auch die Antwort vorweg genommen hast auf meine Frage: Widerspricht es nicht der menschlichen Natur, derartigen Visionen in der Realität zu folgen? Ist der erforderliche Investitionsaufwand tragbar und der Mensch überhaupt bereit, sich in großem Maße solchen Zielen zu widmen?»

2675. Der lebende Kopf in der achtfachen Kiste.

Aus einer achtfachen Kiste, deren Deckel der Reihe nach geöffnet werden, holt der Künstler einen Totenkopf hervor, stellt diesen auf einen unpräparierten Tisch und führt damit verschiedene Experimente aus. Der Kopf wird in die Kiste zurück gestellt und dieselbe wieder verschlossen. Der

Lichtprojekte für Büros

Lichtprojekte streben nicht nur mehr Tageslicht an, sondern vor allem eine bessere Arbeitsplatzqualität durch Tageslichtnutzung.

Hauptziel:
Das Tageslicht soll zur Kommunikation anregen.

Bauziel:
Der Bau soll konsequent mit Tageslichtqualität ausgestattet werden.

Weitere Ziele:
- Einfache, natürliche und gutmütige Systeme
- Guter Blendschutz für EDV-Arbeit

Bemerkungen:
Alle Arbeitsplätze sollen mit Tageslicht ausgestattet sein, als Inseln der Behaglichkeit sollen Lichtinseln dienen. Vorgesehen ist eine dynamische Lichtregulierung, d.h. Kunstlicht zwischen 300 und 600 Lux, mit einem Einschaltpegel zwischen 150 und 250 Lux, je nach Verhältnissen. Außerdem sollen Anziehungspunkte mit direktem Sonnenschein wie Lichtbrunnen besonders in den Gruppenräumen und in der Verkehrszone geschaffen werden. Thermisch gute Fenster mit niedrigem k-Wert sind heute kostengünstig geworden. Deshalb kann ein Bürogebäude im Extremfall – wenn das Grundstück es erlaubt – mit großer Fassadenabwicklung und allen Arbeitsplätzen am Fenster erstellt werden und dies ohne eine wesentliche Erhöhung des Wärmeverbrauches und sogar bei niedrigeren Energiekosten, wenn die Energie für Beleuchtung auch berücksichtigt wird.

Am Mittwoch sind «einfache Lösungen» für die Tageslichtnutzung vorgestellt worden – hier ergänzen wir sie um einige neue Denkanstöße.

Tageslichtnutzung wird durch eine Staffelung der Geschosse erreicht:
a) durch Vorschieben nach unten oder
b) durch Vorschieben nach oben.

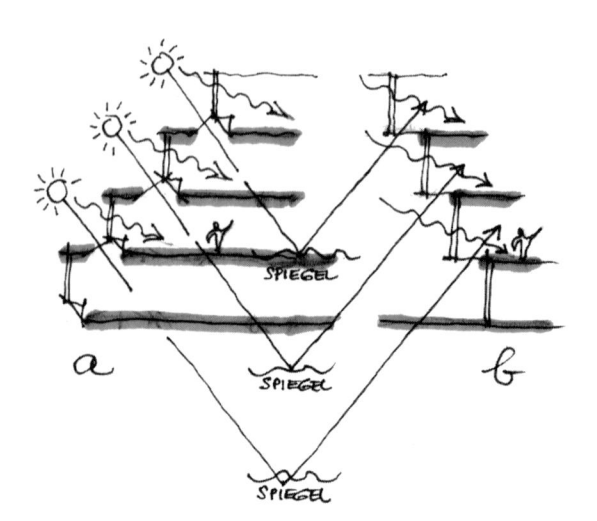

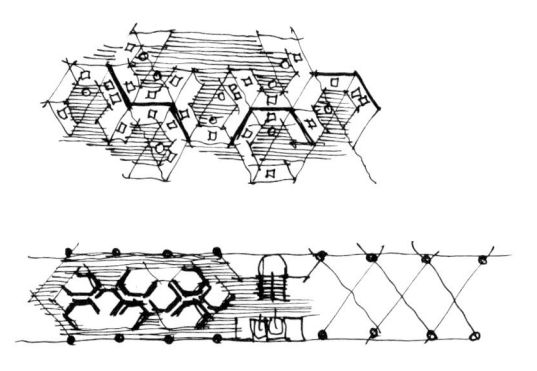

Der Nukleus konzentrierter Bildschirmarbeit ist hexagonal. Damit läßt er sich bienenwabenartig zu innenliegenden Gruppen zusammenbauen. Die Restflächen dienen der Kommunikation und der Zirkulation.

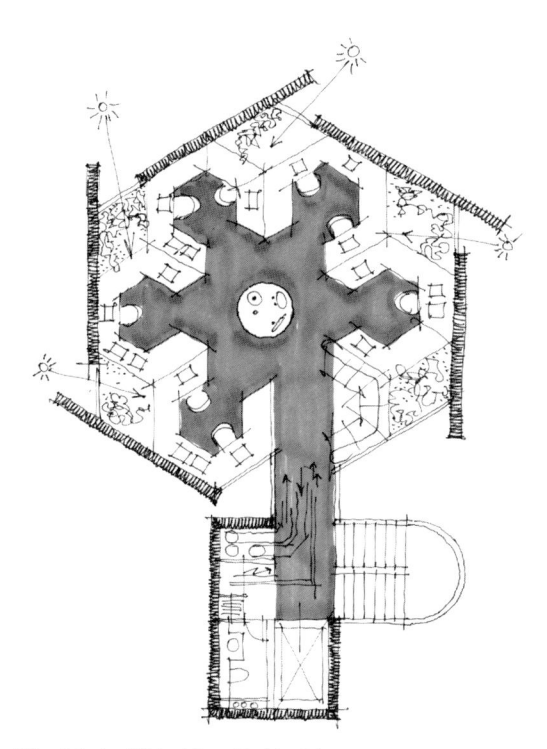

Dies ist ein Bildschirm-Nukleoid:
Der Arbeiter hat immer eine Wand vor sich und seitlich einen Pflanzentrog, auf den gemäß der Erdrotation Sonnenlicht einfällt. In der Mitte ist eine Lichtkanone.

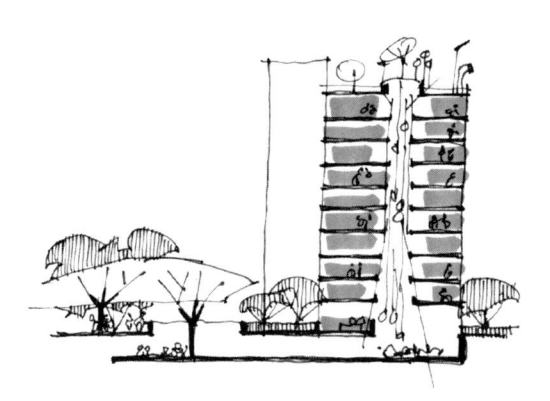

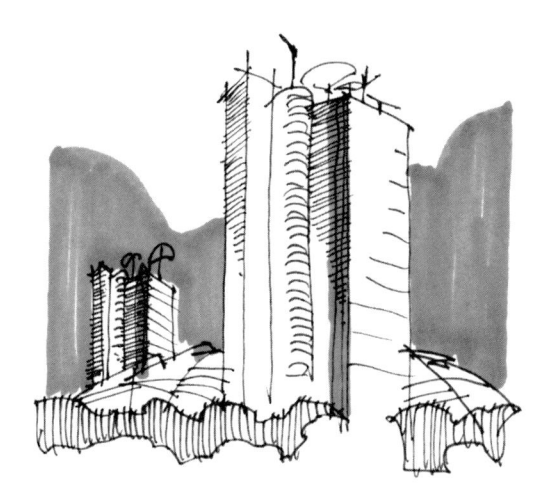

Die Nukleoiden haben 9 streng gegliederte Arbeits- und 2 freigegliederte Kommunikationsgeschosse. Die Lichtkanone durchdringt alles.

111

Echtergiebauten

Unsere Vision sind Echtergiebauten, die nur einen Bruchteil der Energie brauchen, weil sie nur die echten Bedürfnisse erfüllen. Energiesparen findet in der Größenordnung von Faktoren und nicht von Prozenten statt.

Energieverbrauch zwischen Realität und Vision (Tabelle A):

	Wärme MJ/m² a	Elektro Wohnen MJ/m² a	Elektro Büro MJ/m² a	Elektro Büro hochtechnisiert MJ/m² a
heute	500 – 700	130	250	350
Vision	50	70	100	150

Heutige Zielwerte – welche weit höher sind als die Werte der Vision – sind im Bereich Wärme 150 – 400 (kleinere Werte bei sehr energiesparenden Wohnungen und energetisch guten Bürogebäuden), bei der Elektroenergie im Büro 150 – 250 (Haustechnik und Betriebseinrichtungen zusammen).

Die Energiekennzahlen der Vision sind sehr streng, siehe Tabelle B. Der Energieverbrauch beträgt im Bereich Wärme 50 MJ/m². Im Bereich Elektro gilt als Ziel in einem hochtechnisierten Büro total 150 MJ/m² a.

Zielwerte für Vision (Tabelle B), MJ/m² a:

	Wärme	Elektro (Licht, Kraft, Prozesse)	davon Haustechnik (Beleuchtung/Lüftung, Klima/Diverses)
Wohnen	50	70	
Büro, max. 20% Lüftung	50	100	70 (30/20/20)
Büro, ca. 80% Lüftung	50	150	100 (30/50/20)

Echtergiebau – Ziele
Hauptziel:
Pilot- und Demonstrationsbauten mit Energiekennzahlen nach Vision

Bauziel:
Senkung des Wärmebedarfs und des Bedarfs für Beleuchtung, Lüftung und Kühlung (im Büro).

Weitere Ziele:
einfache Anlagen, angepaßter Komfort.

Technik im Büro:
Die Leistung der PC wird auf 10 W/m² beschränkt (Einkauf), die Einschaltzeit auf 50% der Bürozeit (automatische Abschaltungen, auch im Netz). Die Beleuchtung hat eine installierte Leistung von 5 bis 10 W/m², die Einschaltzeit wird durch Tageslichtnutzung auf 30% der Bürozeit begrenzt. Lüftungsanlagen sind modular abstellbar (Quellüftung, 2facher Luftwechsel), die Wärmeabfuhr erfolgt mit Kühldecken ohne Kältemaschine (Nachtkühlung).

Weitere Einzelheiten:
Blockheizkraftwerk-Einheiten à 100 kW mit zugeordneten Wärmepumpen. Wenn möglich Wärmeverbund mit Nachbarn. Fenster k-Wert 1 – 1.3 W/m²K, eher schmal und hoch. Verteilverluste total: max. 3% (Auslegung Regelung). Ruhebetrieb max. 5% des Tagesdurchschnittswertes (Sleep-Schaltung, 3-Stufen-Systeme). Eventuell Wasservolumen als Speicher, im Winter für Wärme, im Sommer für Nachtkälte. Wenn möglich durch Wasserdurchfluß regelbare Gebäudemasse. Fehlerkennung und Korrektur durch Meldungen im Leitsystem.

Lösungen im Wohnbau:
Kompakter Baukörper, relativ kleine Fenster mit Ausnahme der Südseite, guter k-Wert (siehe auch Dienstag, Wohnbau), Blockheizkraftwerk und Wärmepumpe (siehe Mittwoch). Im Winter keine elektrische Energie für Wärmeerzeugung, d.h. Abwaschen, Waschen mit Warmwasser ab Wärmezentrale, Trocknerraum mit Absorber. Warmwassererzeugung mit Wärmepumpe, Gas oder Abwärme im Winter.
 Kochen: Flinker, gut regulierbarer Kochherd. Motorische elektrische Energie stark reduzieren und durch Blockheizkraftwerk decken.

Bemerkung:
Die Nahwärme-Systeme für Energieerzeugung sind heute nicht wirtschaftlich betreibbar. In vielen Fällen ist auch eine Initiative zur Erstellung von solchen Sammelheizungen nicht zu erwarten. Da auf diesem Gebiet bei den Energiekennzahlen eine Verbesserung um einen Faktor 3 – 6 möglich ist, müßte überprüft werden, ob der Betrieb solcher Anlagen von der öffentlichen Hand vorfinanziert werden könnte, der Betrieb könnte dann auch durch die Stadtwerke erfolgen.

Unsere Vision

besonders ausgewählte Arbeitshilfen

moderne Quellüftung

keine elektrische Raumkühlung

gute Fenster

Blockheizkraftwerk und Wärmepumpe

kompakte Form

gute Fenster

Nahwärme, Blockzeitkraftwerk und Wärmepumpe

Wunschliste eines Energietechnikers (A – E):
A Ausnutzung von Umweltwärme und Reduktion der Wärmeverluste
- Fenster mit verändernden Beschattungseigenschaften (Farbveränderung)
- Beschattungssysteme mit veränderbarer Priorität der Tageslichtnutzung oder Beschattung, Vermeidung von Fehlbedienungen
- Integrierte Decken-, Kunstlicht-, Tageslichtbeleuchtungssysteme; Kühldeckensysteme (flink und regelbar, d.h. mit und ohne Ausnutzung der Masse der Decke)
- Speichernde Gebäudemasse im Innern des Gebäudes zur Reduktion des Kälteverbrauches
- Kostengünstige Fenster mit k = 1 W/m^{2}K

B Ausnutzung Umweltwärme und Abwärme:
- Raumkühlung mit Freecooling
- Kühlschränke mit Freecooling
- Wärmepfähle zur Ausnutzung des Grundwassers
- Intelligent gebaute Wärmespeicher (24 Stunden) für Abwärmespeicherung
- Kostengünstige Wärmepumpensysteme mit Arbeitszahl 6 und Wärmekraftkopplung

C Betriebseinrichtungen und Haushalt:
- Einführung der Laptop-Technologie für PC im Büro, Sleepmodus, automatische Abschaltung bei Nichtgebrauch, installierte Leistung < 10 W/m^2
- Nur mittelgroße Rechenzentren, zugeordnet zu übersichtlichen Organisationseinheiten, verschiedene Zonen mit verschiedener zulässiger Temperatur, Abschalten der nichtbenötigten Einheiten
- Neue Methoden zum Kochen: Weiterentwicklung von Induktions-Kochherd und Gas-Kochherd

D Energienutzung:
- Ventilatoren und Motoren mit gutem Wirkungsgrad bei kleinen Leistungen
- Systeme mit zwei Temperaturniveaus für Kälte (Freecooling)
- Kostengünstige, bedarfsabhängige Steuerung der Beleuchtung und der Lüftung sowie Kühlung

E Energieerzeugung:
- Konsequente Ausnutzung aller internen Wärmequellen im Büro und in der Umgebung. Sammelheizungen
- Konsequente Nutzung der See- und wenn möglich Grundwasserwärme in Sammelheizungen
- Sammelheizungen für benachbarte Gebäude
- Messung und Anzeige des Nutzungsgrades von Heizkesseln

Weitere Bauvisionen

Die Glasstraße wirkt als zweiseitig flimmernde Kathedrale. Schräggläser schützen die Eingangsbereiche und werfen das Himmelslicht durch die verglasten Böden der Auskragungen in die oberen Büroräume. Im Schaufensterbereich kann man sowohl horizontal als auch schräg nach unten in die Unterniveau-Verkaufsräume schauen.

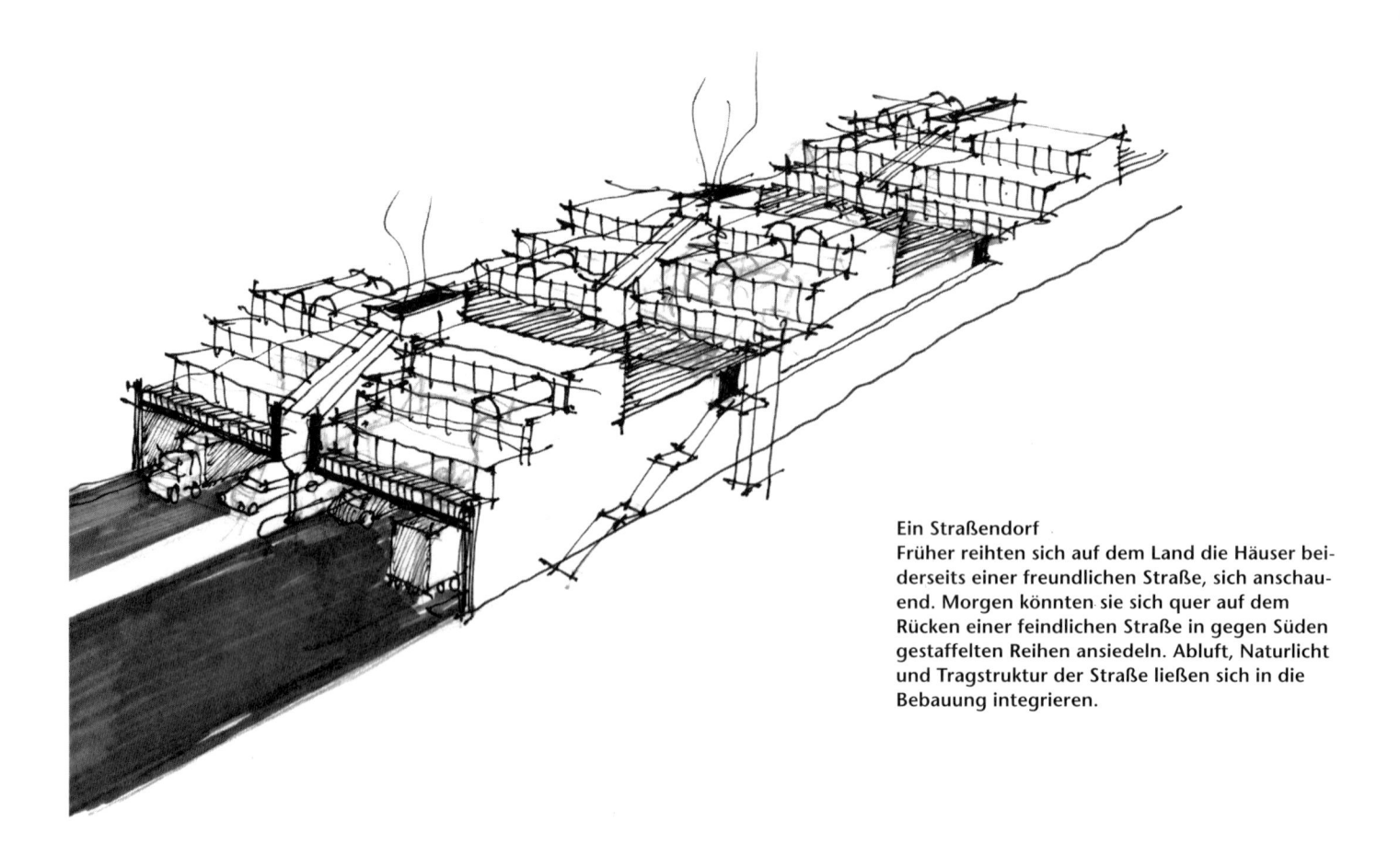

Ein Straßendorf
Früher reihten sich auf dem Land die Häuser beiderseits einer freundlichen Straße, sich anschauend. Morgen könnten sie sich quer auf dem Rücken einer feindlichen Straße in gegen Süden gestaffelten Reihen ansiedeln. Abluft, Naturlicht und Tragstruktur der Straße ließen sich in die Bebauung integrieren.

Jeder Klasse ihr Baum ist das Programm dieser Landschule. Innerhalb einer Dachebene von 20° Neigung reihen sich in der Höhe gestaffelte, zweiseitig belichtete Klassenzimmer. Die Bäume im Zwischenraum wachsen aus Hohlkehlen der Gangträger hervor. Die Turnhallen bilden die rückwärtige Basis dieses Hügels.

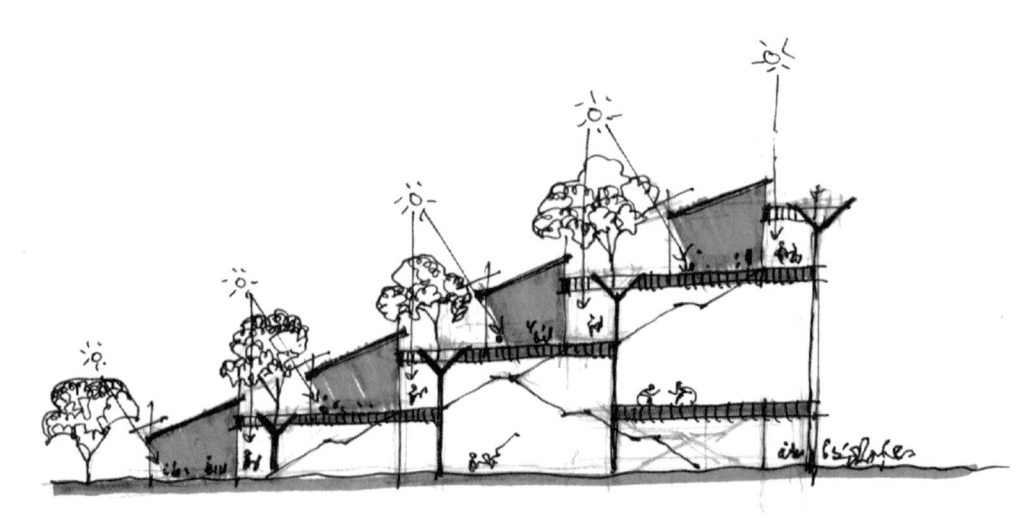

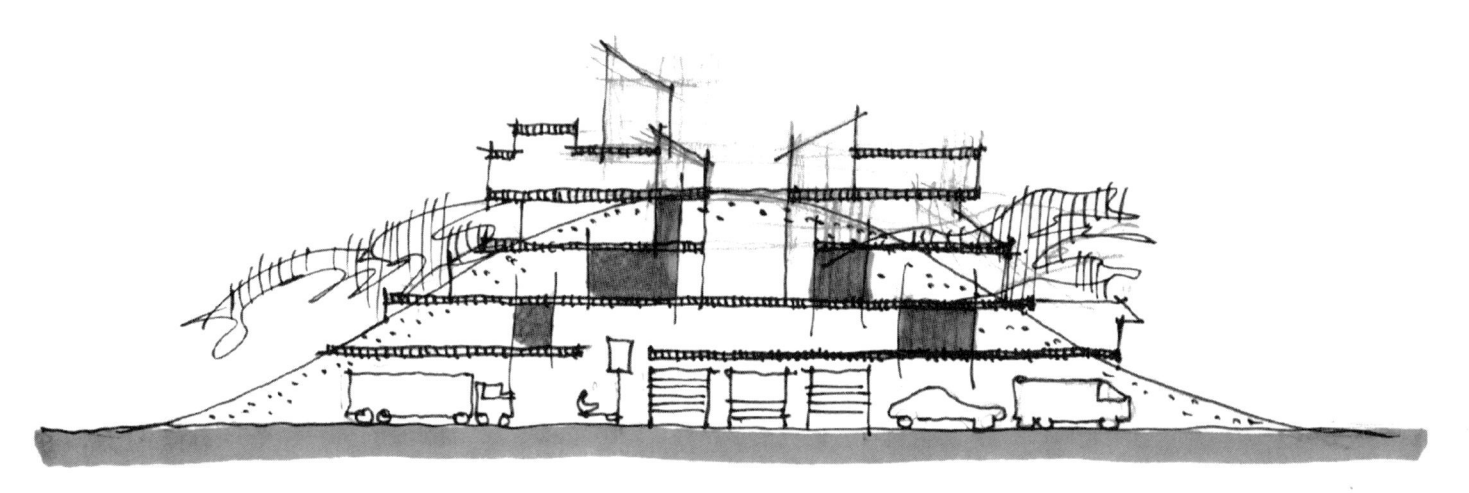

Dies ist ein fünfschichtiges Hügelbauwerk. In der breiten Basis liegt die Versorgung mit Lastwagen, Warenlager, Garagen. In den Mittelschichten liegen Arbeits- und Schulräume. Zuoberst ist der Raum für das fröhliche Wohnen, das Sich-Treffen und Spielen.

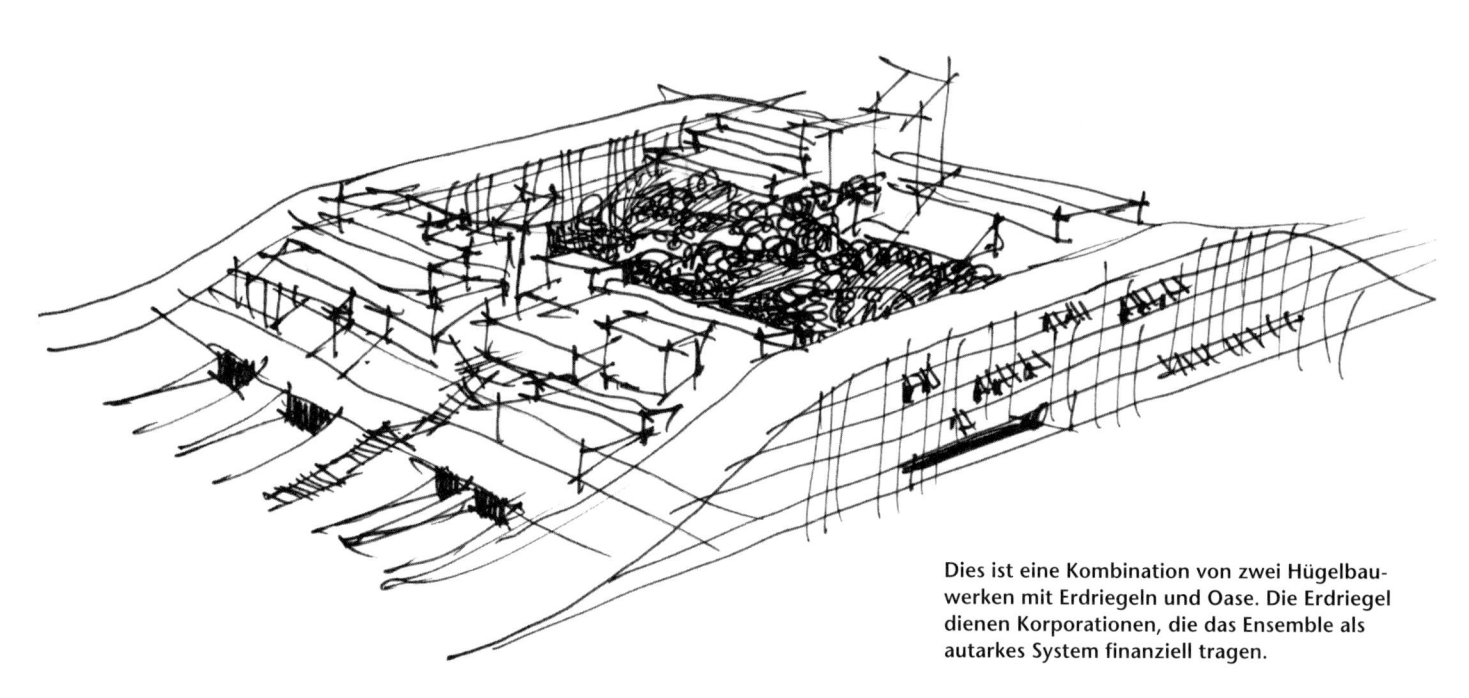

Dies ist eine Kombination von zwei Hügelbauwerken mit Erdriegeln und Oase. Die Erdriegel dienen Korporationen, die das Ensemble als autarkes System finanziell tragen.

Heißt ET (Spielberg) vielleicht auch
Energie-**T**echnik?
Darf ein Energietechniker
auch spielen, zaubern?

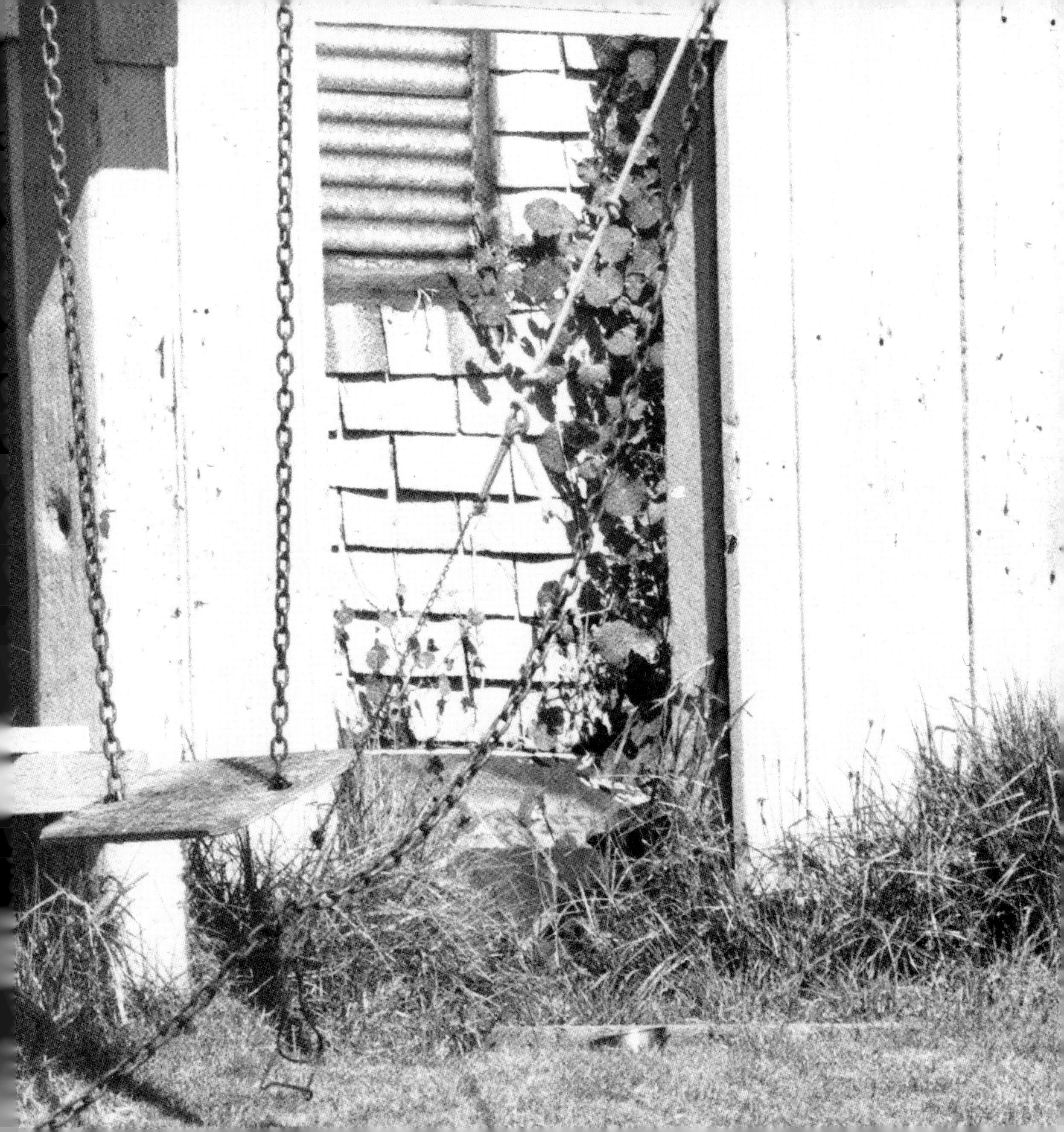

Samstag: Werkzeuge

Die Arbeitswoche ist zu Ende. Unsere Werkzeuge fürs Bauen, zum Transport unserer Ideen durch Taten können nicht alle aufgeführt werden. Wir wollen zu einer neuartigen Anwendung bekannter Arbeitsmittel anregen, und zwar vor allem im Team. Dazu einige Hinweise, denen wir in der nächsten Arbeitswoche nachgehen sollten. Kurven, Tabellen, Balkendiagramme sind meistens nur für Fachleute aussagekräftig. Das wollen wir ändern!

Checklisten
Skizzen
Pläne, EDV-Output
Weitere Werkzeuge
Fünfter Dialog DO–UNDO: «Ein Lexikon der verdrehten Begriffe»
Kurven, Tabellen, Balkendiagramme
Meßmodelle

Checklisten

Echte Checklisten sind fürs Fliegen geeignet. Alle Punkte müssen erfüllt sein, und ohne gesenktes Fahrwerk ist keine Landung möglich.

Unsere Listen sind Denkanstöße, sie sind am besten sehr kurz, prägnant und eignen sich gut zum Aufhängen an der Wand (Format max. A 4).

Die häufigsten Fehler in Planung, Bau und Betrieb
(Beispiel für eine Checkliste):

1. Eine große Kommission ersetzt nicht den starken Mann.
2. Unpopuläre Entscheidungen werden nicht rechtzeitig gefällt.
3. Konzepte fehlen – Anforderungen sind unklar – Zielvorgaben nicht vorhanden.
4. Bauen – Planen – Denken statt Denken – Planen – Bauen.
5. «Nice to have» statt «necessary to have»?
6. Gestörtes Vertrauensverhältnis zwischen Bauherr und Planer.
7. Zu späte Einbeziehung der Spezialisten.
8. Verlorene Zeit wird auf Kosten der Qualität und Wirtschaftlichkeit eingeholt.
9. Bei der Kostenberechnung/-optimierung des Gesamtobjektes werden die Betriebskosten vergessen.
10. Der Unterhalt eines Objektes bleibt in der Planungsphase unberücksichtigt.[1]

Skizzen

Skizzen dienen der Kommunikation, dem Veranschaulichen von Ideen während der Diskussion. Im Brain Map z.B. können gemeinsam Ideen entwickelt werden. So zeigen wir, ob und wie wir das Gesagte aufgenommen haben.

Beispiel Brain map: Gedanken eines Lektors zur Methode DO – UNDO in der Bauplanung

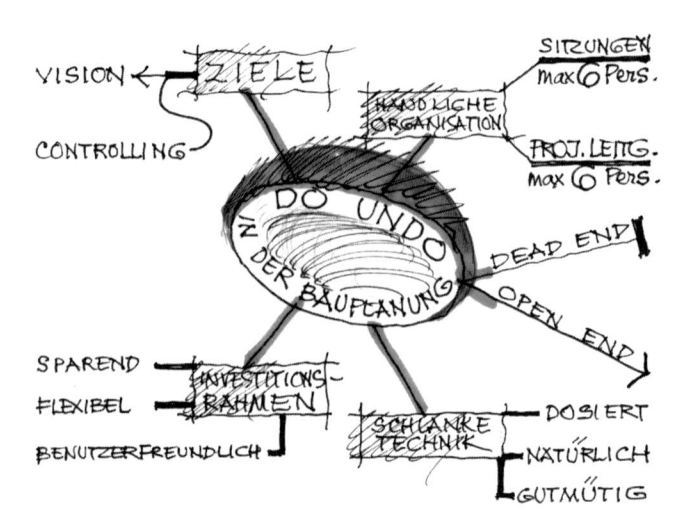

---

[1] EWI Ingenieure + Berater, Zürich, «Interne Arbeitsunterlagen», 1994

Pläne, EDV-Output

Mehrschichtenverfahren von CAD sind so aufzubauen, daß eine Schicht nur ausgewählte, eine andere alle Informationen beinhaltet. Das gleiche gilt für den EDV-Output. Wir wollen Informationen auf zwei Ebenen. Entscheidend ist, daß nur ein Minimum von benutzerfreundlichen Informationen für das Zielpublikum gegeben wird.

CAD: Computer Aided Design

Weitere Werkzeuge

Beschreibung am:

- *Methode Lupe – Mondschein*
  das gleiche Problem auf zwei Arten betrachten — Mo Eine Denkhürde
- *Methode DO–UNDO*
  dauerndes Hinterfragen und Tun (gleichzeitig) statt immer dicker werden trotz gelegentlicher Schlankheitskuren — Mo Eine Denkhürde
- *Honorierung*
  Bonus-Malus, Prämien — Mo Der zielorientierte Bauherr
- *Neue Teilleistungen*
  statt Honorarordnung und Korsett — Mo Der zielorientierte Planer
- *Handliche Organisation*
  maximal, 6 Personen, keine Stabsstellen — Mo Zielorientierte Projektorganisation
- *Energiekonzept*
  von Vorstudie bis Betriebsberatung — Mo Energiekonzept
- *Zielwerte Energieverbrauch*
  Wärme und Elektro — Mo Energiekonzept / Fr Echtergiebauten
- *Zielorientierte Optimierungen*
  verständliche Begriffe, Optimierung bei gegebener Investition — Mo Energiekonzept
- *Entscheidungsbaum*
  Reihenfolge und Termine der Entscheidungen — Mo Energiekonzept
- *Kriterienliste für Sanierungen* — Mo Sanierungen
- *Methode der unzulässigen Parallelen* — Di/Mi Dialog
- *Konzept Wald-Waldrand-Wiese*
  Zonenunterteilung, ergänzende Funktionen — Mi/Fr
- *Regelsystem Mensch-Bau-Technik* — Mi
- *Tageslichtnutzung* — Mi
- *der neue Manager* — Do
- *mit Visionen schaffen* — Fr
- *Methode der lustvollen Energie-Verschwendung* — Fr Dialog

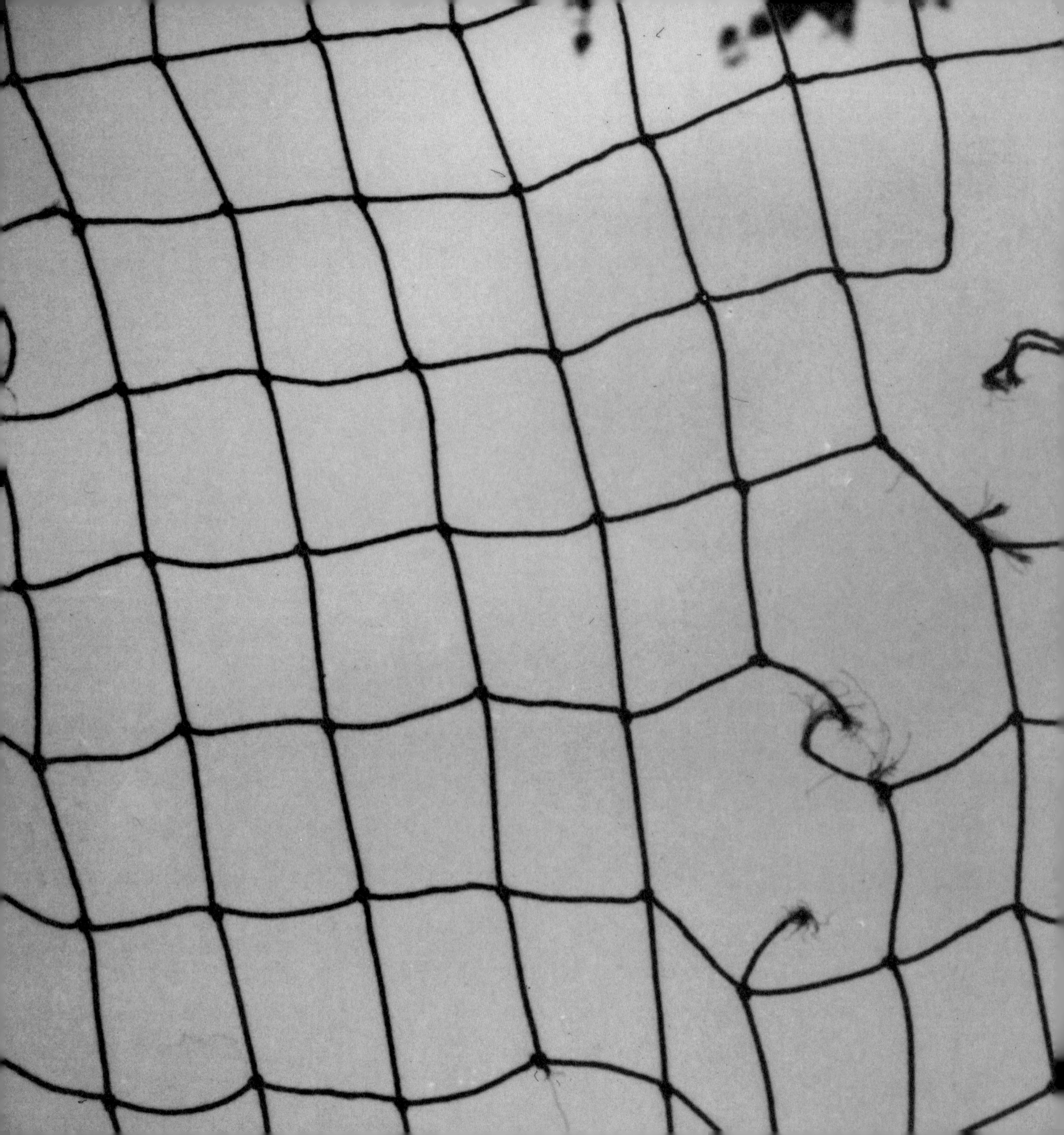

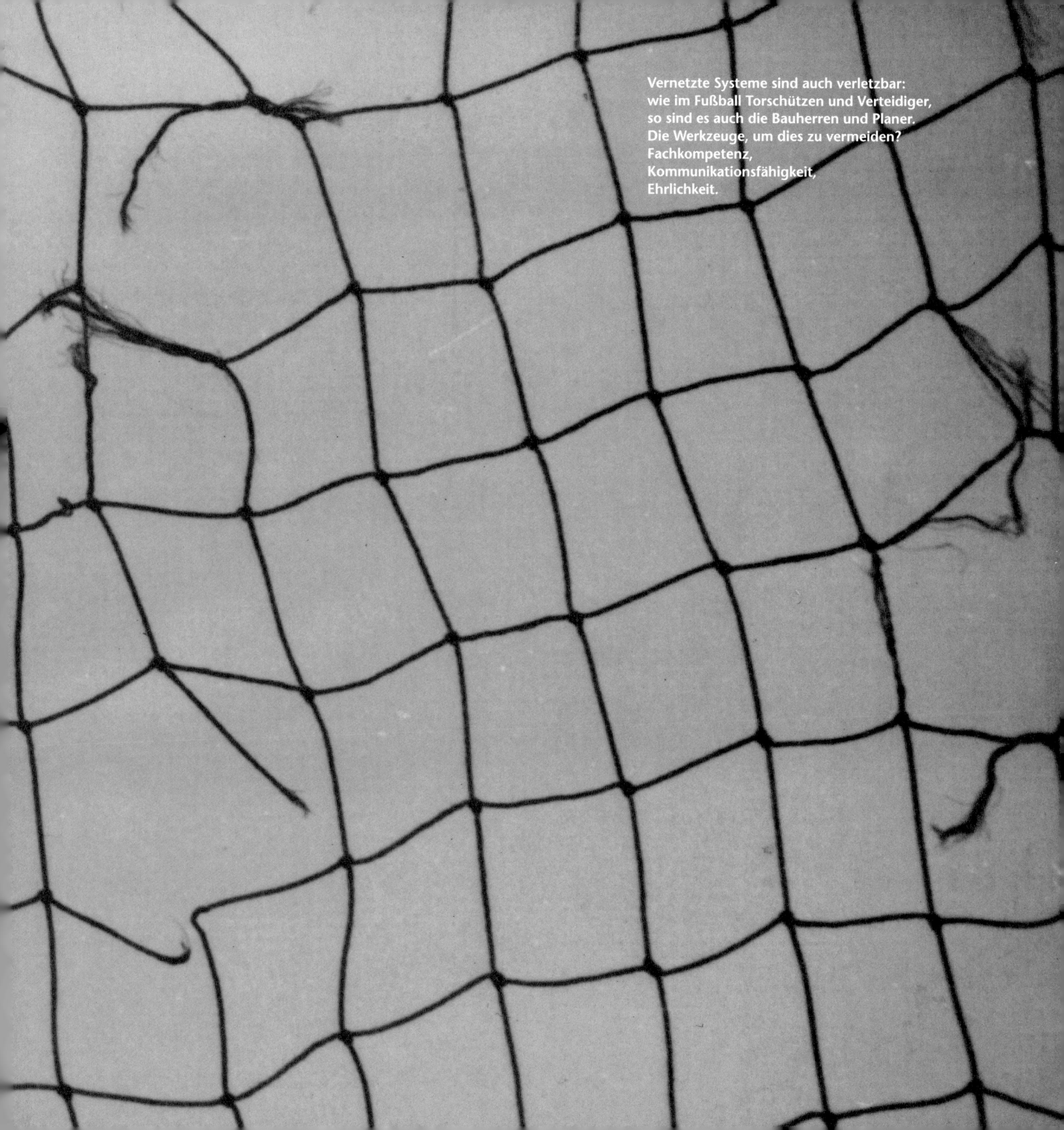

Vernetzte Systeme sind auch verletzbar:
wie im Fußball Torschützen und Verteidiger,
so sind es auch die Bauherren und Planer.
Die Werkzeuge, um dies zu vermeiden?
Fachkompetenz,
Kommunikationsfähigkeit,
Ehrlichkeit.

Fünfter Dialog DO–UNDO: «Ein Lexikon der verdrehten Begriffe»

Fragedik: «Ist denn bei diesen Visionen überhaupt etwas Brauchbares, etwas, das ich schon heute verwenden könnte?»

Fragenix: «Auch wenn nur Einzelheiten wie die Honorierung von einfachem Bauen und einfacher Technik, das Vergessen von Garantiebedingungen und Kumulieren von Sicherheitszuschlägen auf Seiten des Bauherrn, die Mitsprache des Benutzers beim Bauen und bei Bauveränderungen verwirklicht werden, haben wir schon etwas erreicht. Noch mehr, wenn Nicht-Fachleute durch die Denkanstöße der Visionen angeregt werden, neue Anforderungen an die Bauplaner zu stellen. Aber auch auf einer anderen Ebene als dem Bauen sind sofort praktische Ergebnisse zu erzielen.»

Fragedik: «Vielleicht könnte das die Ebene Zeit sein. Wie wäre es mit einer Methode der lustvollen Zeitverschwendung? Oder das Aufspüren von Zeitverlusten. Hier kommen mir die kleinen grauen Männer der Zeitsparkasse im Buch *Momo* von Michael Ende in den Sinn: Wie wäre es, wenn wir immer nach diesen Männern, die unsere Zeit stehlen, Ausschau halten würden? – Am Ende könnte sich vielleicht ein Gefühl entwickeln, daß die wichtigsten Sachen im Leben in ‹Nano-Sekunden› geschehen und daß das Zeit-Haben und Zeit-Nutzen schlußendlich genauso unwichtig ist wie das Energie-Haben und Energie-Nutzen.»

Fragenix: «Wie wir schon herausgefunden haben, basiert die Methode der unzulässigen Parallelen auf unserer Ehrlichkeit. Wir sollten diese Ideen nun ins Extreme führen, um sie zu testen. Erarbeiten wir doch ein Lexikon der verdrehten Begriffe!»

Die beiden beschließen nun, gemeinsam eine Reihe von neuen Definitionen und Regeln zu finden und in einem «Lexikon der verdrehten Begriffe» zu sammeln.
In einem normalen Lexikon haben sie nur ganz wenig zu verändern, und schon entstehen lustige, aber neue und wahre Bedeutungen.
Eine andere Anwendung der Methode der unzulässigen Parallelen ist, zu prüfen, welche Begriffe vor und nach dem gesuchten Begriff stehen. Zum Beispiel steht in der Originalfassung des Lexikons vor Bau: Batzen, nach Bau: Bauch. Dies hat durchaus Bedeutung. Mit Bauch ist unser Buch über Visionen gemeint, mit Batzen, daß mit diesen Methoden nicht nur besser, sondern oft auch billiger gebaut werden kann.

Wörterbuch

Im Wörterbuch der verdrehten Begriffe wird ein Konversationslexikon unter dem Aspekt Bauplanung verwandelt. Dabei werden Ausschnitte frei ausgewählt und Passagen etwas verändert und ergänzt. Wenn sich daraus sinnvolle Aussagen ableiten, sind manchmal auch die vorhergehenden oder nachfolgenden Begriffe aufgeführt. In diesem Wörterbuch sind zugleich die wichtigsten Aussagen unseres Buches zusammengefaßt.

Architekt (griech. Baumeister) Baufachmann, oft ein Künstler. Er erspäht die Visionen seines Bauherrn und verkauft dann seine eigenen.
Vorher: Archipriester; *nachher:* Archivar. Die zwei größten Gefahren: der fanatische Prediger und der Verwalter ausrangierter Ideen.

Bauplanung (vermutl. aus lat. planta «Fußsohle») Absicht, Vorhaben hervorgehend aus einem nichtlogischen Prozeß logischer Fachleute. Baukarikaturen sind die Resultate dieser Planung. Eine Verbesserung ist aus der Analogie zu anderen nichtlogischen Prozessen zu erhoffen, z.B. den 5 Stufen der Zen-Erleuchtung. Eine empfindliche Fußsohle kann durch Barfußlaufen in der Natur abgehärtet, ein degenerierter Planungsprozeß durch Anwendung natürlicher Bautechnik aufgeweicht werden.

DO Grundton einer Tonleiter, Abk. für dito, Denkmethode DO – UNDO tun ist Grundton, erzeugt aber Nachklänge.

Und sie bewegt sich doch! angebl. Ausruf Galileis. Beinhaltet UNDO, durch UNDO die Welt verändern.

Ingenieur abgeleitet aus ingeniös, franz., sinnreich, erfinderisch. Der Ingenieur befaßt sich mit dem Verhältnis Natur/Technik oder Mensch/Technik bzw. Natur/Mensch.

Energie (griech. energeia Wirksamkeit) die verborgene Kraft für kreative Menschen, auch für warme und beleuchtete Stuben. E.-Verlust (zu vermeiden) bedeutet die verpaßten Möglichkeiten, auch der unnötige Verbrauch für warme und beleuchtete Stuben. Die Beschäftigung mit E. kann zu einem schöpferischen Prozeß führen, zur Konzentration auf das Einfache und Schöne.

Ganzheit etwas, das nicht schon durch seine Bestandteile (Arch. Ing. Bauherr), sondern erst durch deren gefügehaften Zusammenhang eindeutig bestimmt ist. Ganzheitliches Denken ist eine Vorbedingung für integrale Planung.

Integral Grenzwert einer Summe, Erreichung des maximal Möglichen.
Vorher: Integer, makellos; *nachher:* Integralismus, religiöser Totalitarismus.

Schlankaffen s. Stummelaffen (sic). Schlanke Technik, eine geistig bewegliche Technik.

	Nachher: Schlaraffenland, ein Märchenland…, in dem Faulheit die höchste Tugend und Fleiß das schlimmste Laster ist.
Mittwoch	**Modul** (lat. modus., Maß) in der klassischen Baukunst der halbe untere Säulendurchmesser, Denkmodule sind ergänzende Teile (partes) eines integral durchdachten Systems. *Nachher:* Modus vivendi, verträgliche Form des Zusammenlebens.
Donnerstag	**Traum** (german. zu trügen) er entsteht passiv, ohne ich-konzentrierte Lenkung. An die Stelle logischer Verknüpfung tritt die Verbindung der Ereignisse durch Gefühle.
Freitag	**Vision** (lat. Erscheinung) Experimentelle Untersuchungen zeigen, daß Phantasiebilder Vergessenes und Verdrängtes… wieder zu Tage fördern. Bau-V.: Vergessenes wie freundliche Systeme und Räume wieder anstreben.

2727. Das magische Kabinett.

Unter diesem Namen habe ich ein äußerst praktisches Kabinett für alle möglichen Geister-Manipulationen hergestellt. Dasselbe ist aus vier Messingstangen gebildet; der Boden steht auf Füßen, sodaß man jederzeit hindurchsehen kann. Oben an den Stangen sind Vorhänge angebracht, welche teilweise mit Löchern zum Durchstecken der Hände versehen sind.

Das Kabinett ist äußerst leicht zerlegbar und daher leicht zu transportieren.

M. 300,—

Kurven, Tabellen, Balkendiagramme

Jeder Planer spricht nur seine Sprache: der Architekt die der Pläne, der Ingenieur die der Zahlen (Diagramme etc.). Und jeder meint, daß der Bauherr ihn versteht. Dabei wäre es viel besser, zu lernen, sich mit plastischen Aussagen zu verständigen: einfach, praxisbezogen, mit einem Minimum an Information (statt einem Maximum an Beweisen, daß viel Arbeit geleistet wurde).

Wir geben hier einige Beispiele. Wichtig ist es, die Aussagen immer mit Anwendungsbeispielen zu ergänzen.

Kurven
Sie zeigen Tendenzen an.
Auch bei Kurven ist die Manipulation des Bauherrn verboten! Immer auch den Nullpunkt zeigen! Eventuell mehrere Kurven zusammen (Zoom)! Als Beispiel kann das Bild vom Montag «Energieverbrauchsentwicklung während mehrerer tausend Jahre» gelten. Die Aussage über den Ausschnitt 1995 bis 2000 allein wäre eine ganz andere. Statt «Es bleibt noch viel Freiraum für Kreativität, wir müssen langfristig handeln, etwas Neues finden!» ergäbe sich: «Wir haben doch schon genügend erreicht.»

Tabellen
Sie sind nützlich zur Darstellung von Datenmengen. Wichtig ist hier, daß die Struktur gezeigt, das Finden der Werte erleichtert und die Aussage des Ganzen im Titel wiedergegeben wird.

Die übliche Darstellung von Daten ist in zwei Tabellen auf den nächsten Seiten (detailliert wiedergegeben, da wichtige Werte), unser Vorschlag für eine entsprechende Tabelle findet sich rechts.

Titel: Prüfen Sie den Energieverbrauch in Ihrem Bürogebäude. Als Vergleich zu diesen Werten dienen die Zielwerte (für Neubauten oder umfassende Umbauten).
Struktur: am Rand skizziert

Balkendiagramme
Eine wichtige Aussage, eine wichtige Zahl wird graphisch dargestellt. Der Titel enthält die Aussage (und nicht einen Fachausdruck wie Jahreskosten für Varianten). Zum Beispiel: Die empfohlene Lösung ist die Variante 1 mit extrem niedrigen Energiekosten und guter Amortisation der Investitionen.

Immer den ganzen Bereich zeigen! Eventuell Zoom für Details.

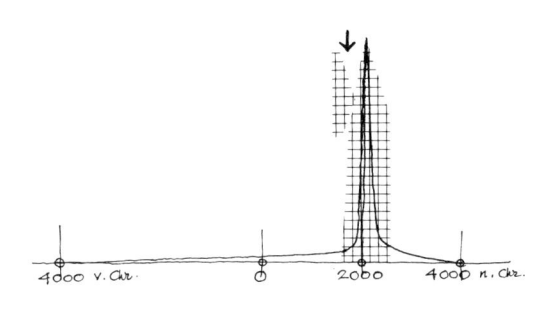

Aussage, Zusammenhänge, Beispiel

Eine Tabelle muß die Struktur zeigen.

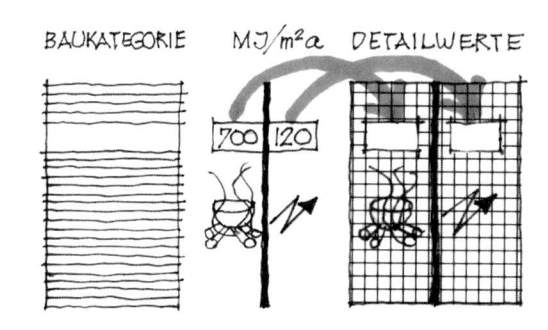

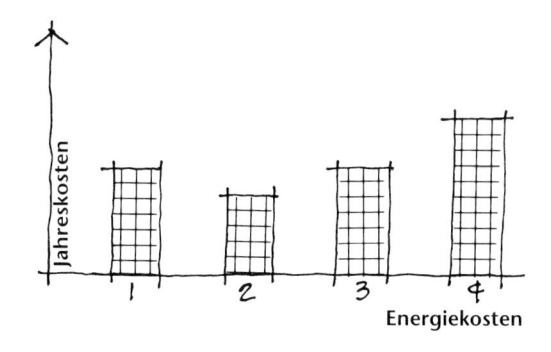

Energiekennzahlen von Neubauten[2]

Aus den vielen Energiekennzahlen bin ich geneigt, für mich folgenden Schluß zu ziehen:
Wenn ich im Büro oder in der Wohnung friere, ziehe ich einen Pullover an.
Wenn mir heiß ist, bin ich in Hemdsärmeln.
Wenn ich geblendet bin, setze ich eine Dachkappe oder einen Strohhut auf, ich bin ja eine reagierende Denkmaschine.

Kat.	Geb. Nutzung	Grenzwerte[1] (Mindestwerte für Neubauten)						Zielwerte[1] (gute Werte für Neubauten)					
		Q_h ([1])	Q_{ww} ([2])	η ([1])	E_h ([3])	E_w	E_e	Q_h ([1])	Q_{ww} ([2])	η ([1])	E_h ([3])	E_w	E_e
I	Ein- und Zweifamilienhäuser												
	Wassererwärmung mit Kombikessel	330	60	0.75		520	80	280	60	0.85		400	80
	Wassererwärmung separat elektrisch	330	*	0.80	410		130*	280	*	0.90	310		130*
II	Mehrfamilienhäuser												
	Wassererwärmung mit Kombikessel	300	100	0.75		530	100	250	100	0.85		410	100
	Wassererwärmung separat elektrisch	300	*	0.80	370		150*	250	*	0.90	280		150*
	Alters-, Kinder-, Jugendheime	300	100	0.75		530	100	250	100	0.85		410	100
	Hotels einfach	300	100	0.75		530	200	250	100	0.85		410	200
III	Verwaltungsbauten												
	natürlich belüftet	270	*	0.80	340		80*	220	*	0.90	240		80*
	grosse Teile mechanisch belüftet	270	*	0.80	340		175*	220	*	0.90	240		175*
	klimatisiert, z.B. Banken, ohne Rechenzentren	270	*	0.80	340		250*	220	*	0.90	240		250*
	Schulen												
	Kindergärten, Primar-, Sekundarschulen	270	25	0.75		390	30	220	25	0.85		290	30
	Mittel-, Berufs-, Fachschulen	270	25	0.75		390	100	220	25	0.85		290	100
	einfache Läden (ohne Lüftung und ohne Kältegeräte)	270	*	0.80	340		100*	220	*	0.90	240		100*
IV	Lager und Werkstätten	240	*	0.80	300		80*	200	*	0.90	220		80*
V	Hochschulen	300	25	0.75		430	200	250	25	0.85		320	200
	Warenhäuser (klimatisiert und mit gewerblicher Kälte)	250	25	0.75		370	600	200	25	0.85		260	600
	Krankenheime	320	100	0.75		560	150	300	100	0.85		470	150
	Spitäler (Allgemeinspital)	330	100	0.75		570	200	330	100	0.85		500	200
	Hallenbäder												
	mittlere und grosse	650[4]		0.75		900	250	600[4]		0.85		700	250
	kleine (unter ca. 3000 m² EBF)	900[4]		0.75		1200	350	850[4]		0.85		1000	350

[1] Q_h und η entsprechen den Grenz- bzw. den Zielwerten. E_h und E_w sind daraus abgeleitete Werte. Für E_e sind keine Grenz- bzw. Zielwerte gegeben, der angegebene Richtwert entspricht einer typischen Anlage mit zweckmässiger Ausrüstung
[2] Der Energiebedarf Warmwasser geht im Grenz- und Zielwertfall immer von der Standardnutzung aus (Rechenwerte gemäss Tabelle D 1 1
* In diesen Beispielen wurden die Energiekennzahlen für den Fall aufgezeigt, dass das Warmwasser separat elektrisch aufbereitet wird; die andern Beispiele ohne * gehen von Kombikesseln aus
[3] Bei Kombikesseln Trinkwassererwärmung nur in Heizperiode
[4] Bei Hallenbädern nicht Q_h, sondern Q_w (inkl. Warmwasserbedarf)

Legende:
Q_h Heizenergiebedarf (MJ/m² a)
Q_{ww} Energiebedarf Warmwasser (MJ/m² a)
η Nutzungsgrad (-)
E_h Energiekennzahl Raumheizung, auf 10 MJ/m² a gerundet (MJ/m² a)
E_w Energiekennzahl Wärme, auf 10 MJ/m² a gerundet (MJ/m² a)
E_e Energiekennzahl Elektrizität, auf 10 MJ/m² a gerundet (MJ/m² a)

[2]Schweizerischer Ingenieur- und Architektenverein, 380/1, «Energie im Hochbau»

Samstag: Werkzeuge

Energiekennzahlen bestehender Bauten vor und nach Sanierung

Kat.	Geb. Nutzung[1]	Ist-Werte (Werte bestehender Bauten ohne gravierende Mängel, Stand 1988)						Soll-Werte (gute Werte nach Gesamt-Sanierung)					
		Q_h	Q_{ww} [2]	η	E_h	E_w	E_e	Q_h	Q_{ww} [2]	η [3]	E_h	E_w	E_e
I	Ein- und Zweifamilienhäuser												
	Wassererwärmung mit Kombikessel	425	60	0.70		700	120	340	60	0.80		500	100
	Wassererwärmung separat elektrisch	425	*	0.75	575		170*	340	*	0.85	400		150*
II	Mehrfamilienhäuser												
	Wassererwärmung mit Kombikessel	450	100	0.75		725	130	330	100	0.80		550	120
	Wassererwärmung separat elektrisch	450	*	0.80	575		180*	330	*	0.85	400		170*
	Alters-, Kinder-, Jugendheime	450	100	0.75		725	150	330	100	0.80		550	125
	Hotels	450	100	0.75		725	300	330	100	0.80		550	250
III	Verwaltungsbauten												
	natürlich belüftet	400	*	0.80	500		125*	300	*	0.85	350		100*
	grosse Teile mechanisch belüftet	450	*	0.80	575		250*	320	*	0.85	375		225*
	klimatisiert, z.B. Banken, ohne Rechenzentren	500	*	0.80	625		350*	330	*	0.85	400		300*
	Schulen												
	Kindergärten, Primar-, Sekundarschulen	375	25	0.75		525	50	280	25	0.80		375	40
	Mittel-, Berufs-, Fachschulen	425	25	0.75		600	150	320	25	0.80		425	125
	einfache Läden (ohne Lüftung und ohne Kältegeräte)	400	*	0.80	500		200*	300	*	0.85	350		150*
IV	Lager und Werkstätten	400	*	0.80	500		125*	300	*	0.85	350		100*
V	Hochschulen	550	25	0.75		775	300	380	25	0.80		500	250
	Warenhäuser (klimatisiert und mit gewerblicher Kälte)	450	25	0.75		625	1000	350	25	0.80		475	800
	Krankenheime	550	100	0.75		875	200	380	100	0.80		600	175
	Spitäler (Allgemeinspital)	600	100	0.75		925	250	420	100	0.80		650	225
	Hallenbäder												
	mittlere und grosse	900[4]		0.75		1200	350	750[4]		0.80		950	300
	kleine (unter ca. 3000 m² EBF)	1300[4]		0.75		1700	450	1050[4]		0.80		1300	400

[1] Zuteilung der einzelnen Nutzungen in die entsprechende Gebäudekategorie vgl. Tabelle 4
[2] Der Energiebedarf Warmwasser geht immer von der Standardnutzung aus (Rechenwerte gemäss Tabelle D 1 1)
* In diesen Beispielen wurden die Energiekennzahlen für den Fall aufgezeigt, dass das Warmwasser separat elektrisch aufbereitet wird, die andern Beispiele ohne * gehen von Kombikesseln aus
[3] Nutzungsgrad-Soll: zwischen Grenz- und Zielwert von Neubauten
[4] bei Hallenbädern nicht Q_h, sondern Q_w (inkl. Warmwasserbedarf)

Legende:
Q_h Heizenergiebedarf, auf 25 MJ/m² a gerundet (MJ/m² a)
Q_{ww} Energiebedarf Warmwasser (MJ/m² a)
η Nutzungsgrad, auf 0.05 gerundet (-)
E_h Energiekennzahl Raumheizung, auf 25 MJ/m² a gerundet (MJ/m² a)
E_w Energiekennzahl Wärme, auf 25 MJ/m² a gerundet (MJ/m² a)
E_e Energiekennzahl Elektrizität, auf 10 MJ/m² a gerundet (MJ/m² a)

Am besten erstellen wir rasch einen Prototyp und probieren es selber aus. China: der beste Arzt ist derjenige, der diese Krankheit schon hatte.

Meßmodelle

Im Zeitalter des «rapid prototyping» müssen wir vermehrt mit Modellen (Denkmodellen und echten) und Messungen arbeiten. Ein Beispiel aus dem Bereich der Tageslichtnutzung: Ein Standardraummodell, ca. 1:10 (mit guten Tageslichteigenschaften) dient zum meßtechnischen Vergleich und zur Bewertung von im Betrieb stehenden Büroräumen.[3]

Schlechte Darstellung: Tageslichtnutzung

Die kurven Beleuchtungsstärke in Funktion der Entfernung vom Fenster verstecken die Wahrheit:
a) Die Tageslichtnutzung ist bei diesen Systemen schlecht.
b) Andere Aspekte wie Blendschutz...etc. müssen ebenso berücksichtigt werden.

Himmel: bedeckt, Datum: 23.2.94

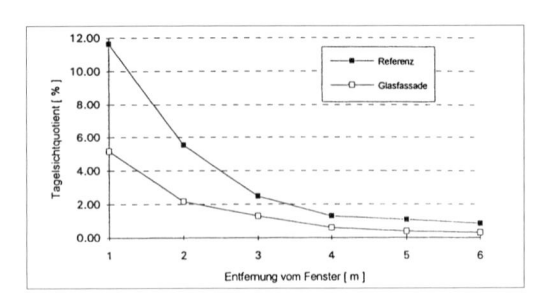

Himmel: klar, Fassade: nicht besonnt
Zeit: 15:30, Datum: 28.2.94

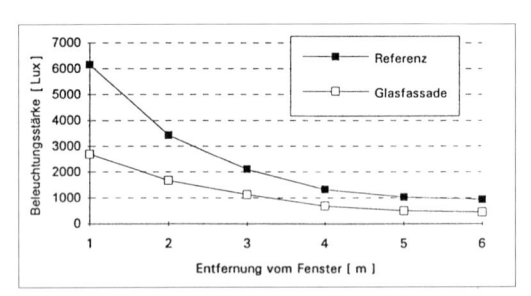

Himmel: klar, Fassade: besonnt
Zeit: 11:17, Datum: 22.2.94

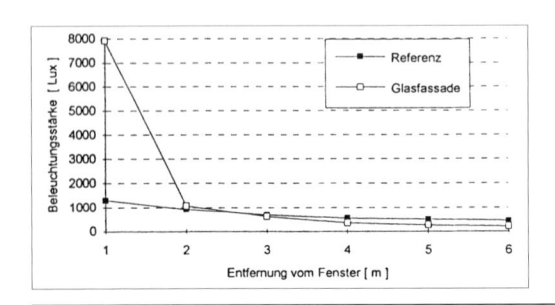

[3]Diane Projekt Tageslichtnutzung, «Interne Arbeitsunterlagen», Bundesamt für Energiewirtschaft, Bern 1994

Bessere Darstellung: Tageslichtsignatur

Objekt: Musterraum
Standort: Zürich
Orientierung: Südost
Verbauung: 35 Grad
Sonnenschutz: bewegliche Glaslamellen zur Beschattung
Steuerung: keine, Lichtlenkung an der Fassade

A Beschattung:
   g-Wert: 0.3 0.2 0.1 (1. 2. 3)
   beweglich: nein, teilweise, voll (1. 2. 3)
   Lichttransmission: gering, mittel, hoch (1. 2. 3)

B Blendungsbegrenzung:
   1: schwerwiegende Probleme
   2: übrige Fälle
   3. außerordentlich gut gelöst

C Tageslichtgewinnung:
   Tageslichtquotient in 4 m Tiefe:

   1> 1%   1%>D>3%   D>3% (1. 2. 3)

D Aussicht: (versperrt, beschränkt, frei) (1. 2. 3)
   Himmel bedeckt
   Himmel klar, Fassade besonnt
   Himmel klar, Fassade nicht besonnt

E Lichtabhängige Steuerung:
   1: keine Steuerung
   2: automatische Lichtabschaltung
   3: koordinierte Steuerung für
      Sonnenschutz und Beleuchtung

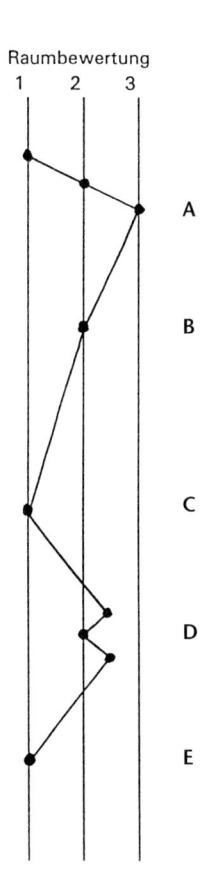

Raumbewertung
1 2 3

Raumbewertung
 1: schlecht bis mittel
 2: gut
 3: sehr gut

Vernetzte Systeme, die überleben,
weil sie einfach und liebenswert sind.

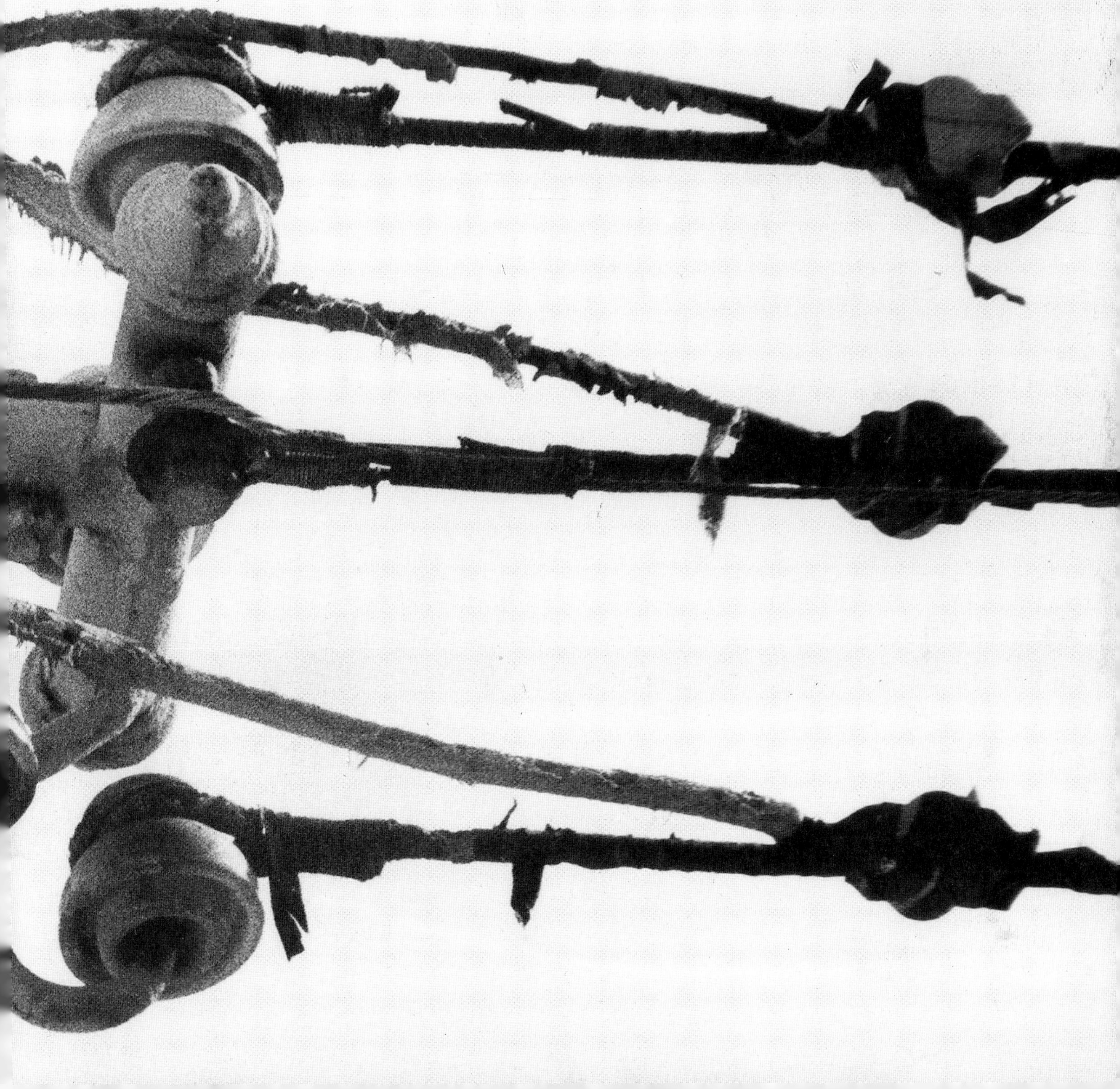

Sonntag: Ruhe

*Sonne und Schatten, Ferien. Gedanken und Fragen tauchen auf.
Für die nächste Woche?*

Die vollständige Symbiose zwischen Architekt und Ingenieur ist erreicht. Wir Autoren haben, ohne Absprache, unsere Ferien fast zum gleichen Zeitpunkt fast der gleichen Sache gewidmet: der maurischen Architektur und den Gärten in Andalusien. Und im gleichen Hotel in der Alhambra übernachtet mit einem Abstand von drei Tagen.

Gedanken beim Sitzen in einem der schönsten Innenhöfe Spaniens. Ein altes Franziskanerkloster. Ideen kommen und gehen, die Beleuchtung ändert sich, Wasser plätschert, Pflanzengeruch, Frühmorgen, das Licht hat noch Farben.

Ein erster Lichtstrahl streift den Boden. Die Frage kommt auf:
Was ist das Schönste in diesem Reichtum der Alhambra?

Sie ist von außen gesehen ein roher, roter Klotz; massiv, abweisend. Und innen ein Reichtum, explodierend fast, unerwartet, von Raum zu Raum anders. Jeder Raum ist das Blatt eines Baumes, aber alle Blätter sind verschieden. Kein großangelegtes architektonisches Konzept mit riesigen Höhen, Längen. Unscheinbare Übergänge vom Raum zu Raum. Das Konzept des irdischen Paradieses: In kurzen Momenten das vollständige Glück erleben, unvorbereitet. Eine Harmonie von Wasserplätschern, Pflanzengeruch, Licht und Schatten, von überreichen Verzierungen von Raum, Luft und Himmel.

Das Schönste ist das Zusammenspiel aller Elemente, der Gegensatz von nach innen gekehrtem Reichtum und äußerer Schlichtheit.

Eine wohlige Wärme breitet sich im Hof aus. Die nächste Frage:
Wie wurde das möglich, was war so einmalig bei der Entstehung?

Sprache der Ideen

- Die Sprache der Ideen: Die gebildeten Christen und Juden sprachen arabisch, die ungebildeten Araber altlateinisch wie die Spanier. Die Bildung verband diese Leute. Die arabische Sprache war wandelbar, offen für neue Wortkreationen.
Bei der Plünderung der Städte in der ganzen Welt hatten die Araber die Sitte, jeweils die schönsten Schätze der Bibliotheken zu verlangen. Und diese dann ins Arabische, mit eigenen Ideen angereichert, zu übersetzen – Ideentransformation, Ideenhandel.

Neugier

- Die Neugier: alle neue Welten von Portugal bis zum fernen Osten zu erforschen; der Wunsch, sie zu verändern, zu bereichern – und dabei sich zu bereichern.

Toleranz

- Die Toleranz: Der Islam war als damals junge Religion sehr tolerant. Die Araber haben es fertiggebracht, daß Christen, Juden und Mauren friedlich zusammenlebten.

Ein angenehmer, kühlender Schatten wird im Innenhof spürbar. Die letzte Frage ist inspiriert durch die einzige Frage des Fragenix:
Wem darf die Kraft der Innovation dienen?

Die Erbauer der Alhambra hatten als erstes Ziel die Nutzung der Räume für die Herrscher. Das zweite, höhere Ziel war wohl die Demonstration der Macht und die Vermehrung von Besitz und Reichtum. Das dritte und höchste Ziel war eine Vision: die schönsten Räume der Welt, ein Paradies auf Erden zu errichten und so Momente des Glücks, wenn auch nur sekundenweise, schon hier zu erspüren.
  Wo ist das Resultat der ersten und zweiten Zielsetzung heute? Nirgends. Wo werden unsere ähnlichen Zielsetzungen in vielen Jahren enden?
  Alles, was in der Alhambra geblieben ist, sind die Resultate der dritten und höchsten Zielsetzung.

Diese Gedanken kommen im Innenhof immer wieder. Auch im Leben braucht es Innenhöfe (Ruhe) und Springbrunnen (Innovationen). Wir haben jene Glücksmomente der Ruhe erlebt: am frühen Morgen allein in den Gärten, nachts, wenn sich die vielen Touristen verzogen hatten, beim Mondschein, im arabischen Salon, wo wir Nichtraucher doch noch geraucht haben und den Rauch in den Innenhof bliesen, in Ecken der Alhambra zwischen neugierigen japanischen Touristenmädchen und dicken Männern mit eingebauter Kamera am Bauch... Und zehren weiter davon.

Nach einem Buch «Energiesparen jetzt» vielleicht ein anderes mit dem Titel «Endlich lustvoll Energie verschwenden» schreiben. Und damit mehr erreichen als mit sturem Ernst.

2610. Ein verblüffender Verschwindungsakt.

Der Künstler zeigt ein großes Tuch, an welchem sich oben und unten je eine Holzleiste befindet. Der Künstler erfaßt das Tuch an der oberen Holzleiste und bedeckt somit seinen Körper, schaut noch einmal mit dem Kopfe darüber hinweg und läßt das Tuch fallen. Zum größten Erstaunen der Zuschauer ist der Künstler verschwunden.

Dieser Trick läßt sich vorzüglich als Schlußpiéce verwerten.

Komplett, jedoch ohne die Leisten . . . . M. 50,—